悅讀中國

一江清水北上

裔兆宏　著

人類只是自然界的一部分，
自然界永遠不會順從人類。

引言

我始終相信蒼天有眼，大自然的一切變化，都是有規律的。任何對大自然的犯罪行為，都是要受到懲罰的，只有順應自然，利用規律，才能驅利避害。

我看到了一則消息，由中國科學院、中國人民大學等單位專家共同撰寫的《京津冀發展報告：承載力測度與對策》稱，北京的城市綜合承載力超過了警戒線，處於危機狀態。主要原因是城市承載壓力過大，城市支撐力隨人口增加而下降。

參與報告撰寫的、中國科學院虛擬經濟與數據科學研究中心副主任石敏俊稱，京津冀屬於「資源型」嚴重缺水地區，人均水資源遠低於國際公認的嚴重缺水標準。

按照這個報告分析，北京當地水資源只能承載六六七萬人，相當於現有人口規模的百分之四十。

在這個春天裡，就在我們為北京水資源揪心之時，許多人卻在為南水北調工程而辛勞地忙碌著。

先看東線，滾滾春潮清流湧。

三月十五日十二點五十八分，隨著「開壩放水」的一聲令下，江蘇睢寧二站下游圍堰被迅速打開一道缺口，原本平靜無比的徐洪河水，穿過管道，順著河床，「嘩啦啦」的奔騰向前，兩側翼牆就像張開的雙臂，引導著河水向著睢寧二站的懷抱奔騰而去。

隨著這一工程的竣工，江蘇境內的南水北調工程已經接近了尾聲，正在等待全面驗收。

而在蘇魯交界，春分過後，素雅沉寂了整個冬日的南四湖漸發生機，湖周圍五十三條河流奔流不息，源源不斷地向其注入清澈的碧水。

京杭大運河

　「全市整體水環境質量已達到三十年來最好水平！」在三月二十二日召開
的濟寧市環境保護工作會議上，濟寧市環保局局長李繼凱自豪地介紹。

　如今的濟寧全市，列入《南水北調東線工程山東段控制單元治污方案》的
一一九個項目全部建成；十三個省控入湖河流水質考核斷面全部實現達標；南
四湖內五處水質監測點位全部達到規劃水質目標。

　再看中線，春風又綠丹江岸。

　當我站在丹江口大壩之上，極目遠望，青山雲煙渺渺，源自茫茫秦嶺深處
清澈甘甜的江水，碧波蕩漾。

清水入渠

入春以來，南水北調中線水源區丹江口庫區清庫緊鑼密鼓開展著。

十堰市庫區各縣(市、區)、各單位都抽出精兵強將，分區分段落實庫底清理工作。這次清庫工作，主要是實現無害化的衛生、林木、固廢物、建構及漂浮物的清理。

三月二日上午，十堰市濱江新區漢江兩岸彩旗飄揚，市三千二百多名機關幹部、企事業單位職工和中小學生在此揮鍬鏟土，提水澆灌，播下片片新綠。

按照規劃，十堰正在申請創建國家森林城市，今年計劃植樹造林三十萬畝。

三月十日上午，由南陽市民、網友及北京遊客組成的三百多名志願者來到陶岔村，在南水北調渠首所在地植樹。

不知有多少人，為了這史無前例的「南水北調」，為了這大江清水北上，正在書寫著一幅如詩如畫的篇章，正在用汗水鑄就了一座人類引水工程的豐碑，正在用淚水譜寫一首「奉獻」的史詩！

大國行動 01章

大國崛起，需要有使命感，需要責任擔當。

大國崛起，需要整體戰略，需要有大國行動，以行動詮釋大國責任的豐富內涵。

大國崛起，需要共和國領袖們有超前的思維，超前的戰略眼光，對國家民族的未來負責。

而大國行動，必須謀長遠，謀全局，謀未來，用真心、信心和決心，向國家人民傳遞戰勝危機的希望。

南水北調從夢想藍圖描繪到開工建設，正是適應了人民的願望，迎合了時代的要求，詮釋了實現大國崛起的歷史使命。


# 乾渴的北方


偌大的中國，一面是連年洪澇不斷，一面又經常鬧「水荒」。

特別是在中國的北方，缺水的日子越來越讓人感受到了水的危機！

你若從南方的廣州或者廈門坐上列車，沿鐵道線一路呼嘯北上，穿越一條條河流，你就會發現：南方河網密布，河流水量豐沛，不乏大江大河；越往北行，河水越少，許多河道都成了灌木叢和樹林，只剩下那些依舊寬闊的河床，還在向人們昭示著它們當年的風姿。

越往北，越缺水。

按照公認的國際標準：世界上人均水量在 2000 立方米以下的，就是缺水國；人均水量不足 1000 立方米的，即是嚴重缺水國；人均等於或小於 500 立方米的，則為生存極限性缺水。

中國不僅水資源總量不足，而且空間分布嚴重失衡。南方水資源豐富，北方卻極度貧乏。長江流域及其以南的水資源總量占全國七大流域總量的 84%，而北方的黃淮流域只占 9%。北方人均水資源不足 1000 立方米，僅為南方人均量的 1/3，是全國平均水量的 15%，是世界平均水量的 1/16。

北方黃淮海地區，是我國水資源與經濟社會發展矛盾最為突出的地區。該地區總人口、國內生產總值均約占全國的 35%，人口密度大，大中城市多，在中國經濟格局中占有重要地位。但水資源量占全國總量的 7.2%，人均水資源量僅為 450 立方米，只占全國人均水平的 22%。

其中，海河流域人均水資源量僅為 272 立方米，不到全國人均水平的 1/8，是中國水資源最為短缺的地區。自二十世紀八〇年代以來，黃淮海平原發生持續乾旱，黃淮海流域水資源量持續減少。黃淮海地區缺水量達 313 億立方米。其中：

黃河流域：缺水 94 億立方米。

淮河流域：缺水 95 億立方米。

海河流域：缺水 124 億立方米。

中國地下水超採面積達 19 萬平方公里，相當於一個河北省的面積。

北方生態的惡化，水資源的匱乏，我們自然無法苛求先祖的矇昧與野蠻，但現實的境況卻是嚴峻而殘酷的！

特別令人不安的是，在北方地區，由於水資源嚴重匱乏的困擾，普遍存在

水資源超負荷運行。為滿足維持增長的水需求，不僅嚴重超採地下水，地表水即河川的徑流也幾乎是竭澤而漁。國際上對於地表水的開發利用有個公認標準，即開發利用率不能超過 40%，否則地下水便因得不到補充而發生惡性循環。而眼下：

黃河流域徑流利用率已達 67%！

淮河流域已達 60%！

北京、天津、河北所在的海河流域已達 90%！

中國缺水，華北尤其嚴重。黃河、淮河和海河，是華北的三條主要河流，黃淮海地區人均水資源占有量僅為全國平均水平的 1/5。

中國北方枯竭的河流

華北缺水，又以京津地區為甚。海河流域人均水資源占有量還不足全國的1/7，甚至不如處於中東沙漠地區的以色列。

惡化的生態環境，枯竭的水源地，不斷攀升的用水量，使得華北的許多大小河流，早已成了流乾眼淚的淚痕。

首先是黃河斷流了。

被稱為中華民族母親河的黃河，曾經被炎黃子孫們糟蹋得慘不忍睹，從一九七二至一九九八年的 27 年中，共斷流 21 年，累計 1050 天。

特別是進入上個世紀九〇年代後，黃河年年春季斷流，而且斷流的時間一年比一年提前。一九九五年，下游的東營比一九九四年提前 42 天斷流；而一九九六年又比一九九五年提前 72 天。

斷流的時間也越來越長。一九九五年是 180 天，斷流的距離為 622 公里；一九九六年洛陽以下全部斷流；最嚴重的是一九九七年，斷流 13 次，其中有一次斷流河段長達 700 多公里！該年有 330 天滴水未能入海!

滔滔萬里的江河，竟然到了滴水全無的地步，這是令人無法想像的！

一九九六年五月，山東濱州、東營市一帶所有的自來水龍頭前，都排起了長隊。人們忽然感受到黃河真是太重要了！渾濁無比的黃河水太可愛了！那時，黃河大堤上，時而會見到翹首以待的老鄉，面對黃河呼喊著：「黃河啊，你咋就不來水了呢？」

首都北京嚴重缺水。

北京，這古老的都城，是常住人口超過 2000 萬的巨大都會，水資源的年人均占有量卻不足 300 立方米（以 2000 年統計），是中國人均的 1/8，世界人均的 1/30。按世界標準，北京屬於極端嚴重缺水地帶！而二〇一〇年，北京

山東東營黃河故道

全市用水量就達到 35.7 億立方米，其中生活用水 15 億立方米，相當於一個滇池。

隨著經濟騰飛、人口膨脹，北京城的面積不斷擴大，從上個世紀的七〇、八〇年代，北京就開始鬧水荒。一九八一年的夏天，北京開始了有史以來的第一次水荒。全城 90% 以上的地區降壓供水，時間長達近 300 個小時！市民們因缺水，生活一時亂了套，沒水怎麼吃怎麼喝？還有怎麼沖刷抽水馬桶？350 多家企業被限制用水，其中大部分工廠被迫停工、停產……

因北京持續乾旱，降壓供水、停水事件，屢屢發生。北京的密雲水庫和官廳水庫，是冀、京、津三省市三十萬人民在二十世紀五〇年代共同建成的。原先，一直肩負著北京、天津供水的任務。

然而，因北京持續的水荒，從一九八二年起，國務院決定：不再向同樣遭受乾旱煎熬的冀、津地區供水！

從二十世紀八〇年代至今，乾旱一直困擾著北京城。當然，二〇一二年的夏季是個例外。

據二〇一三年《京津冀發展報告：承載力測度與對策》稱，二〇一一年，北京水資源總量為 26.81 億立方米，按照二〇一一年末常住人口二千零一十九萬人加上流動人口約 240 萬人算，人均水資源占有量僅為 119 立方米，遠低於國際人均水資源 1000 立方米的重度缺水標準。

報告分析，北京市的水資源人均需求量約為 345 立方米。北京社會科學院博士李彥軍稱，二〇一一年北京全年水資源缺口量為 9.2 億立方米，這種巨大差額不得不依靠過度開發地表水、超採地下水以及依靠外來水源的補給。

根據公安部門的資料，一九四九年北京有人口 420 多萬，市區人口 200萬，郊區、農業人口 220 萬，到上世紀七〇年代時北京人口已經達到六七百萬。

一九九九年，北京市的人口密度每平方公里是 766 人，而到二〇一一年，北京市每平方公里則達到 1230 人，已超出了土地資源人口承載力。

在歷史上，北京是水資源較為豐富的地區。清朝北京城經常面臨洪災威脅，當時最大的威脅，是來自有「小黃河」之稱的永定河，皇帝賜名「永定」，就是希望這條河不要再氾濫。此外，北京的萬泉河、玉淵潭、蓮花池等帶水的地名，在當時都是名副其實的水域。

然而，隨著北京的城市擴張，隨著工業的迅猛發展，隨著人口的急遽膨脹，豐富的地表水系迅速斷流、乾涸，甚至地下水也超採嚴重，形成「有河皆干，有水皆污」的困局，缺水局面漸漸逼近。

河床乾旱

　　北京母親河永定河斷流至今已 30 餘年，北京這座城市所依託的流域 21 條主要河流全部斷流。

　　唯一一條發源於北京市的溫榆河及其一百多條支流，現在只有四條有水。

　　河流乾涸了，就開採地下水。但因為超量開採地下水，北京周圍已形成了二千平方公里的漏斗區，這種地質現象會導致地面沉降。近年來，北京市區偶爾出現的地面塌陷現象，已經在警示人們：地面沉降情況危急！

　　天津嚴重缺水。

　　歷史上的天津，曾有「九河下梢」之譽，天津市區內河縱橫、海浪濤濤。被天津人稱為母親河的海河有七十二公里長，穿城而過。可以說，過去的天津一直不缺水，而是一直在鬧洪水。

　　此時，自從上世紀的五六十年代之後，北京、河北、山西、山東、內蒙、

遼寧、河南等廣袤地域，遍地開花，紛紛開始截流蓄洪，修築水庫，海河流域一下子修起了大大小小一千九百座水庫！所有的河流都被攔截了，蓄水了！

從此，海河流域再沒有洪澇之災了，天津再不被水淹了。

然而，新的問題出現了：乾旱到來了！原本每年高達一四〇多億立方米經天津入海的水量，結果連一立方米的水都流不到天津了！

從一九七二年始，天津便進入了一連幾十年的水荒……

從二〇〇〇年至二〇〇四年，面臨斷水的天津又連連向中央呼救：天津缺水！

於是，國務院又連續四年作出「引黃濟津」應急調水的決定。此間，曾九次用黃河水解救天津的乾旱之困。

然而，黃河自身都斷流了，哪有滾滾之水不斷地解救乾渴的天津！

看到長長的河床，赤裸裸的暴露在光天化日之下，乾裂的膠泥地被灼熱的陽光烤出魚腥味，你還能要求母親河作出怎樣的犧牲和奉獻？

人們在嘆息之後，還是嘆息。

事實就是這樣殘酷無情！

當年，天津人均水資源量只有一六五立方米！這比沙漠之國以色列還少一百多個立方！這還不到聯合國測定的生存極限缺水五百立方米的 1/3！

這是當年全國水資源量最低的城市！只有全國平均量的 1/15。

天津怎麼生存？怎麼發展？

天津，市區地面就因過度開採地下水下沉了三米，還因此受到海水倒灌、

誘發地震的嚴峻威脅！

何止是北京、天津缺水，再看看其周邊地區。

河北嚴重缺水。

環繞京津的河北省，50 多年來，河北省的降水量平均減少 120 毫米，一九九七至二〇〇三年河北連續七年發生乾旱。目前，全省人均水資源占有量為 307 立方米，在全國排名倒數第四，是全國人均值的 1/7，不及國際上公認的人均 1000 立方米缺水標準的 1/3，甚至比不上以乾旱缺水著稱的中東和北非地區；每公頃土地含水量僅為全國平均值的 1/9，比寧夏、天津略多，是缺水最嚴重的省分之一。數據顯示，二〇〇一年末到二〇一一年末，平原區淺層地下水位平均下降 3.62 米，深層地下水位平均下降 6.83 米。除秦皇島和唐山兩

缺水的北方

市供需基本平衡外，全省其他各市均屬缺水區。

在河北省宣化縣王家灣鄉，有一個叫瓦玉溝的村。它位於鄉政府駐地西南十五公里處，距今已有六百多年歷史。通往瓦玉溝村的路是一條乾涸的河道，布滿了尖利的碎石。沿線向陰的山體一片綠意，向陽的山體則裸露著黃膠泥，山坡上長著一叢叢枯黃的雜草。在瓦玉溝村，一座廢棄的戲臺佇立在村口，依稀可見昔日的輝煌。

因村裡的水井沒有水，村裡的人一年都洗不了一次澡，地裡只能種些玉米、穀子、土豆、山藥等耐旱的作物。

據瓦玉溝的村支書李忠介紹，一九八九年他開始當村支書，從那時起村子裡就缺水。機井打了 150 米，地下全是紅膠泥和碎石，根本打不出水來。村民們只能去較遠的地方拉水，或者飲用雨水。村口的瓦玉溝河是丁玲小說《太陽照在桑乾河上》中的那條桑乾河的支流，可他 30 多年來從來就沒見過河水。

破敗的戲臺，廢棄的水窖，空無一人的院落，枯黃的皮尖草，滿目皆是，原本 220 人的古村，現在卻僅剩下八戶十三口人。這就是如今河北宣化縣瓦玉溝村的情景。

在河北一些地區，因乾旱缺水等原因，正在形成「空巢村」、「空心村」和「空殼村」。

瓦玉溝所在的王家灣鄉，共轄 32 個行政村、18 個自然村，戶籍人口 8033 人，但目前常住人口僅三千多人，基本為老弱病殘，青壯年勞動力大多外出打工。

因嚴重超採地下水，導致地下水位迅速下降，由此造成河北境內四百多條河流絕大部分乾涸，內河航運里數已變成「零距離」。而上個世紀五六十年代，河北省內河航運長達三千多公里，從天津坐船途經河北可直達河南安陽。

河流乾涸還造成了濕地失去水源，逐漸開始萎縮。據統計，上個世紀五、六〇年代，河北省共有濕地面積 1.1 萬平方公里，而如今，僅剩六百多平方公里。上世紀六〇年代後，號稱「華北明珠」的白洋淀先後歷經六次乾涸，特別是一九八三年至一九八八年連續五年的乾涸，讓被譽為「華北明珠」的白洋淀衰竭。上世紀九〇年代後，經過各種努力，白洋淀才再沒有乾涸，逐漸維持了生機和活力。

河北省民政廳統計，二〇一一年全省受旱面積 85.6 萬公頃，其中絕收 2.7 萬公頃，受災人口 1128 萬人，因旱致使 51 萬人出現臨時性飲水困難，直接經濟損失 15.5 億元。

目前，河北省一般年分缺水 124 億立方米，即使南水北調建成生效後，其引水量也只能彌補地下水超採量。

令人焦慮的是，上個世紀八〇年代以來，由於用水量增加，河北省地下水累計超採超過了 1200 多億立方米，相當於二百個白洋淀的水量，造成地下水位持續下降，進而導致土地乾化、地面塌陷、地表裂縫。目前，華北平原地區已出現五萬多平方公里漏斗區，成為世界上最大的地下水漏斗區。

緊靠大海的山東嚴重缺水。

歷史上山東發生的自然災害，旱災一直穩居第一。

新中國成立後，乾旱並未減輕。從一九四九年至一九九〇年的 42 年間，除了降水量罕見的一九六四年外，山東有 41 年發生了程度不同的旱災，全省平均每年受災面積 173.72 萬公頃。

一九八九年，山東出現了新中國成立以來受旱面積最大的一次。該年降水 449 毫米，較歷年偏少 36%，春夏秋三季連續乾旱，伏旱非常嚴重，全省受旱面積達到 422.5 萬公頃，成災面積達到 230.7 萬公頃，是新中國成立以來受旱

面積最大的一次。

一九九九年，山東新一輪乾旱便拉開了帷幕，然後連續四年出現乾旱，最為嚴重的出現在二○○二年，乾旱致使當年 23.1 萬公頃農作物因缺水無法播種，67.2 萬公頃乾枯死苗，792 萬人飲水困難，全省五百多家工業企業實行定量供水，六十多個縣級以上城市供水不足，南四湖乾涸，全省因旱直接經濟損失達 260 億元以上。

山東省人均占有淡水資源量僅 334 立方米，不到全國人均占有量的 1/6，僅為世界人均占有量的 1/25，位居全國倒數第三位。

按二○○○年末山東省耕地面積計算，全省畝均水資源占有量 263 立方米，也僅為全國平均畝占有量的 1/7。這也就是說，山東省每人每天平均還分

山東德州麥田乾裂

不到一立方淡水，平均每平方米農田每天只有約一升水可供灌溉。

截至二〇一〇年底，山東全省雖有各類水庫 6285 座，但水資源的年內分配具有明顯的季節性。全年的降水量約有 3/4 集中在汛期；全年的天然徑流量約有 4/5 集中在汛期，特別是七月、八月分，甚至是集中在一兩次特大暴雨洪水之中。

這一自然特點，是造成山東洪澇、乾旱等自然災害頻發的根本原因，同時也給水資源開發利用帶來了很大困難。

山東對於南水北調的積極性最高，多次向中央請求，要求南水北調東線一定要經過山東。

地處黃土高原的山西也同樣嚴重缺水。

山西位於海河流域上游和黃河流域中游，海河流域面積占 38%，主要河流有桑乾河、永定河、滹沱河、漳河等；黃河流域占 62%，主要河流有汾河、沁河、涑水河、三川河等。除北部有少數支流從內蒙古入山西境內，其他河流均呈輻射狀自山西境內向四周發散。

山西省全年地表水流量為 69 億立方米，但 2/3 都流出山西。為此，山西被稱為華北地區的「水塔」。

山西南北長約 680 公里，東西寬約 380 公里，由南到北氣候條件從半濕潤區過渡到半乾旱區，由東向西太行山、太嶽山、呂梁山縱貫，阻隔了東南暖濕氣流的西升北進。特殊的地理位置、地形及氣候條件，決定了山西乾旱災害頻繁，幾乎年年有旱。新中國成立六十多年來，全省有 53 年均發生不同程度的旱情，平均 1.13 年發生一次。

全省水資源總量 89 億立方米，其中地表水資源量 69 億立方米。人均占有

資源量 381 立方米，僅為全國人均值 2100 立方米的 18%，屬於水資源貧乏的省分。

同樣，地處中原的河南也是整體上乾旱缺水的省分，特別是河南的西北地區嚴重缺水。

一九四二年河南旱災致死 300 萬人的事，去年被搬上了銀幕，可謂發人深省。

還有河南因為一九五九年大旱而誕生紅旗渠的壯舉，也是全國盡人皆知的

村落遭受沙塵暴襲擊

動人心弦故事。

而促使這一壯舉誕生的，則是當地嚴重乾旱的缺水困境。

林縣民間流傳著這樣的歌謠：

> 「天旱把雨盼，
> 雨大沖一片，
> 捲走黃沙石，
> 留下石頭蛋。」

特別令人心酸的，還有「一擔水要了新媳婦的命」的悲慘故事。

林縣任村區桑耳莊村是個典型的缺水村。民國初，全村三百多戶人家，常年跑到八里地以外的黃崖泉擔水吃。黃崖泉環境險惡，曾經跌死、跌傷很多人。有一年大旱，黃崖泉的泉眼只有香火頭那麼粗，遠道來擔水的人越來越多，大家只能排隊，慢慢等待。

大年三十，年過六旬的桑林茂老漢起五更爬上黃崖泉，想趁早挑一擔水回家過年。可一直挨到天黑，才接滿了一擔水。回來的路上，桑林茂小心地挪著小步，生怕灑出一點水。

桑林茂回到村時，天已經黑了。聽說公爹回來了，新過門的兒媳婦提著燈籠，出村去迎接。因天黑路陡，新媳婦的腳又小，接過水擔，她剛走了幾步，就一不小心被石頭絆倒，一擔水全都傾沒了。兒媳婦又氣又愧。回到家裡，她一聲不吭，竟懸樑自盡了。桑林茂懷著滿腔悲憤埋葬了兒媳婦，大年初一領著兒子，踏上風雪交加的逃荒路。

林縣的水比油還貴。正是這種嚴重缺水的狀況，推動著世界最著名的水利工程紅旗渠的興建。

然而，紅旗渠建成後的上世紀六〇年代，年引水量達 3.7 億立方米；到上世紀七八十年代，年均引水量下降了一億多立方米；一九九〇年至一九九八年，年均引水量只有 1.4 億立方米；而一九九八年至二〇〇〇年三年間，才引了 2.1 億立方米的水，年均引水量僅為 0.7 億立方米。

紅旗渠於一九九七年首次斷流，二〇〇二年，占河南省林州市農業用水總水量 95%的紅旗渠，斷水時間長達 76 天，導致 30 餘萬農田灌溉受影響。

與紅旗渠相關的省分包括山西、河南、河北三省，也就是說，紅旗渠的源頭——漳河事關三省的用水大事。

現在，河南省一般乾旱年缺水 49.6 億立方米，中等乾旱年缺水 78.3 億立方米。如今，節水灌溉使河南農業用水效率大幅提升。農業用水量占全省總用水量的比例，已由一九九八年的 72.2% 下降到二〇〇八年的 52%；噸糧用水量由一九八〇年的 420 立方米下降到二〇〇八年的 141 立方米。

但河南全省水資源貧乏的狀況，仍然不容樂觀。

北方因缺水，年經濟損失高達四千七百多億元人民幣！

目前，中國有三千萬人和幾千萬牲畜吃水困難！

三億多人用不上健康、衛生的飲用水！

乾渴籠罩下的北方，遍布著對水的期盼。

從山東的膠東半島到燕趙大地，從天津到北京，城郭處處，沃野千里的北方大地，處處可見缺水的困頓。

　　中國就是這樣的一個國度：年年洪水，年年抗旱。南方水漫城池，北方則土地龜裂。

　　水資源的嚴重不足，成為制約地區經濟社會發展的重要因素。尤其是上個世紀九〇年代以來，北方曾連年乾旱，水資源完全靠老天恩賜，缺水不僅影響到工農業生產，而且直接影響到城鄉居民的日常生活。

　　一九九七年至二〇〇五年，華北地區又遭遇了連續八年的大旱，北方大地一片焦土。春旱連夏旱，夏旱連秋旱。

　　為確保城鄉供水安全，國家實施了引灤入津、引黃濟青、引灤入唐、引碧入連、引大入秦等大型工程。

　　與北方相反，長江流域及其以南地區，水資源量是華北地區的三至四倍，達九千多億立方米，數千年來為洪澇災害所苦。

這裡我要說的是，不是南方就只有水災沒有乾旱，北方就只有乾旱沒有水災，而是從整體上而言的。比如說去年夏季的北京澇災，比如說近年來雲南的持續乾旱，都曾牽動全國上下關注的目光。

但從整體看來，南方水豐沛，北方則缺水。


# 一代偉人之夢


自然界的一切都是有規律的，水也同樣如是。但人類的偉大之處在於，善於利用自然規律，為人類自身服務。

善於利用自然規律，必須有嚴謹的科學態度，必須有深邃的思想，必須有神奇的妙想。

洪澇乾旱始終是華夏民族的心腹之患，也是高懸在歷朝歷代統治者頭上的一把利劍。從大禹治水到明清年代的「闖關東」，從李冰父子修建都江堰到隋朝開鑿京杭大運河，哪一個不是為了圍繞洪澇旱災而展開的故事。

早在一九一九年，孫中山制定《建國方略》時，就曾試圖開啟南水北調的實踐。

新中國誕生後，江河氾濫、洪水成災，自然也成了新中國締造者們心頭的憂患！

毛澤東是一個極具浪漫主義色彩的偉大詩人，但他更是一個無產階級的政治家。

一九五二年十月二十五日。一個金風送爽的日子。

那天，毛澤東神采奕奕地來到黃河岸邊。這也是他自一九四九年三月進入北平後的第一次出京巡察。

站在高高的黃河南岸，面對滔滔奔騰的黃河，毛澤東問身邊的黃河水利委員會主任王化雲：「南方水多，北方水少，如有可能，借點水來也是可以的吧？」

面對共和國主席毛澤東的發問，王化雲說：「可借長江水，長江是不可替代的。第一，長江水量充足，有水可借。第二，長江支流漢江水量也充足，也有水可借。第三，漢江的支流丹江，就在河南省境內，靠近北方，借水比較方便些。」

聽了王化雲的匯報，毛澤東笑了笑，說：「沒想到你王化雲竟是一個踢皮球的高手，一下把這個皮球踢給林一山了。」說到這裡，毛澤東停了一下，又對王化雲說：「你說的不是沒有道理。南方水雖多，能借點到北方也只能是長江了。有道理，有道理。」

從此，一幅跨流域調水的宏偉藍圖，就開始在一代偉人毛澤東的心中描繪。

一九五三年二月二十日。

江西九江。一個晴空萬里的日子。

這一天，毛澤東乘「長江號」軍艦由武漢去南京。江西九江區段，大江寬闊平緩，溫暖陽光映射下的長江，水光瀲灩，熠熠生輝。站在「長江號」軍艦上，毛澤東偉岸屹立，望著浩浩蕩蕩的長江，頓時心潮澎湃，浮想聯翩。

他先是凝神北方，然後轉身對問長江水利委員會主任林一山：「北方水

少，南方水多，能不能把南方的水調一部分到北方？」

林一山回答說：「可以。」

毛澤東在桌上展開林一山帶來的《中國地圖》，開始用紅藍鉛筆在地圖上「指點江山」。

毛澤東手上的鉛筆首先指向了四川北部的白龍江：「白龍江水大，能不能調到長江以北？」

林一山答：「不行。」

「為什麼不行？」毛澤東抬頭注視著林一山。

1952 年 10 月,毛澤東視察黃河。

「白龍江發源於秦嶺，秦嶺以南的水，由西北向東南流入四川盆地，越向下游水量越大，但地勢越低，不可能穿過秦嶺把水引向北方。而將白龍江的水引向西北更有意義，引水工程也有興建的可能性。越是河流的上游，地勢越高，居高臨下，則利用地勢自流引水的可能性越大。但水量卻較小，因此引水價值不大；反之，河流越是下游，水量越大，地勢又越往下越低，引水工程的可能性越小。」林一山侃侃而談。

聽了林一山的解釋，毛澤東覺得言之有理，也沒再往下問了。

過了一會，毛澤東又將鉛筆指向嘉陵江幹流上的西江水問：「這裡行不行？」

「不行。」林一山指著地圖說。

「為什麼？」

「道理同白龍江一樣？」

毛澤東手中的鉛筆又指向了江漢：「漢江行不行？」

「漢江有可能。」

「道理何在？」

「漢江與黃河、渭河只隔著秦嶺平行向東流，越往東地勢越低，水量越大，而引水工程規模反而越小。」

毛澤東邊聽邊指著地圖，用鉛筆在漢江上游至下游的一些江段畫了許多槓槓，每畫一個槓槓就問這裡行不行，那裡行不行。林一山一一做了回答。

當毛澤東把鉛筆指向丹江口一帶時，林一山忙說：「這裡可能最好，可能是最好的線路。」

「為什麼最好？」毛澤東頓時眉頭舒展，雙眸放光。

「漢江從丹江口再往下即轉為向南復向北，河谷變寬，沒有高山，缺乏興建高壩的條件，所以不具備向北方引水的有利條件。」

「你即派人查勘，有資料就給我寫信，不一定等到系統成熟了才告訴我。」毛澤東急切的心情溢於言表。

「一九五〇年二月，我組織了一些技術專家查勘了襄陽以下的碾盤山壩址線。該壩址線原為美國人史篤伯所選定，作為解除漢江洪災的主要工程方案。」林一山停了一下，接著說，「經過我們幾次的查勘和方案比較，史篤伯的壩址方案不能解除漢江洪災的威脅，其防洪作用很小。因而我們選定了丹江口水利樞紐作為漢江流域規劃的主體工程，並論證了它是漢江流域規劃最理想的第一期工程。」

「很好，很好。」毛主席當即對林一山說，「你回去以後立即派人再勘察，一有資料就立刻給我寫信。」

「長江」艦順流而下。江流奔湧，滔滔東去……

不知不覺間，船就要到南京了，毛澤東在與林一山告別時叮囑道：「三峽工程暫不考慮開工，我只是先摸個底。但南水北調工作要抓緊。」

毛澤東不愧是偉大的戰略家，他對很多事情確實有「葉未落而知天下秋」的前瞻性，當別人對前面的路還只看到雲和霧的時候，他已經站在山巔上登高極目，暢想未來了。

後來，林一山在回憶時，心情頗為激動。他說：主席在「長江」艦上勾畫的這幅宏偉藍圖，深深地印入了我的腦海，讓我豁然開朗。主席的眼光、胸懷和氣魄確實與眾不同，他從戰略的高度，肯定了長江治理與開發中最為關鍵的

1953 年,毛澤東在「長江」艦上聽取林一山匯報工作。

兩大課題:三峽工程和南水北調。

一九五四,林一山把自己編寫的《南水北調》報告寄給了毛澤東。

一九五八年三月,在成都召開的中共中央政治局擴大會議上,毛澤東縱論南水北調,他揮舞著手臂,充滿激情地指點江山:「打開通天河、白龍江,借長江水濟黃,從丹江口引漢濟黃,引黃濟衛,同北京連起來。」

林一山回憶說:「看了毛主席的這段講話,證明毛主席看了我寫給他的信。」

一九五八年三月七日,周恩來總理赴成都出席政治局擴大會議,在會議上

作了《關於三峽水利樞紐和長江流域的規劃報告》，擴大會議完全同意周總理的報告，並正式做出了關於三峽工程的決議。同時在這個會議上，中共中央作出了興建丹江口水利樞紐工程的決定。

不久，中共中央下發了《關於水利工作指示》，強調指出：「全國範圍的較長遠的水利規劃，首先是以南水北調為主要目的，應加速制定。」

自此，「南水北調」一詞第一次出現於中央文件。

此後，中國科學院和原水利電力部迅即共同組成了全國性的南水北調研究組。

一九五九年，長江水利委員會編制完成了《長江流域綜合利用規劃要點報告》，確定了南水北調是長江綜合開發利用的重要任務，並規劃出南水北調西、中、東三條路線……

果然，一九七三年在漢江建成（1958 年始建）的丹江口水庫，其水工建築物除了通常的大壩、水電站、洩洪閘、船閘之外，還有向華北引水的引水閘和渠首工程。

不過，從調水意義而言，丹江口水庫也只是一個「半拉子工程」，向華北引水的引水閘和渠首工程也只是個像徵性的擺設。

從一九七二年至一九七九年水利部門一直在作東線工程的考察和規劃，從一九八〇年開始，東、中、西三線全面進入規劃研究階段。一九八七年九月，水電部對長辦提出的《南水北調中線規劃報告》進行初步審查。

經過反覆的規劃、論證、審查，直至形成長達百萬言的《南水北調工程總體規劃》（簡稱為《總規》），這一時間先後長達二十二年。

# 從夢想到藍圖

夢想是激情，是希望。偉大的夢想，源於現實的土壤。

但實現偉大的夢想，讓夢想開花結果，更需要激發力量，需要鼓勵奮鬥，更要有賴於現實的強力支撐。

從一九五二年毛澤東在黃河岸邊的宏偉構想，到二○○二年南水北調工程開工，時間長達半個世紀！

一個東方古老文明的「大國水夢」，終於夢想成真！

追求幸福夢想，始終是人類奮進的激情與動力！

人類的發展史，從某種意義說，也是人與水的歷史。

南水北調規劃的時間長達五十年，工程靜態總投資高達五千億元人民幣。在偌大的中國版圖上，這南北流向的三條調水工程，將與東西流向的長江、淮河、黃河、海河縱橫交叉，最終形成一個世界上罕見的水資源「中國網」。

中國的南水北調是迄今為止世界上規模最大的調水工程，規模及難度國內外均無先例。它包括東、中、西三線，與長江、淮河、黃河、海河相互連接，構成「四橫三縱、南北調配、東西互濟」的水資源總體格局。

東線：從揚州江都抽引長江水，利用京杭大運河及其平行水道逐級提水北送，至山東境內分為兩路，一路繼續向北，最終入天津；一路向東，經濟南，進抵煙臺、威海。一期工程幹線全長一四六七公里。

中線：從丹江口水庫引漢江水，沿黃淮海平原西部邊緣北上，在河南穿越黃河，經河北到達北京和天津，全長 1432 公里，一期工程投資二○一三億

元。最新建設目標是一期主體工程於二〇一三年完工，二〇一四年汛後實現通水。

值得一提的是，從石家莊到北京的京石應急供水工程已於二〇〇八年竣工。至二〇一二年七月，已完成了三次調水，累計調水量達 13.79 億立方米，入京水量 11.24 億立方米，高峰時段，日供水量占北京城區自來水供應總量的 65% 左右，有效緩解了京城的用水緊張狀況，提高了首都的供水安全保障水平。同時，調水進京減少了對地下水的開採，有利於防止地面出現沉降，也使得北京城區的水質得到明顯改善。

西線：尚處於前期工作階段，計劃在長江上游通天河、支流雅礱江和大渡河上游築壩建庫，開鑿穿過長江與黃河分水嶺巴顏喀拉山的輸水隧洞，調長江水入黃河上游。目標是解決青海、甘肅、寧夏、內蒙古、陝西、山西等六省區的缺水問題。

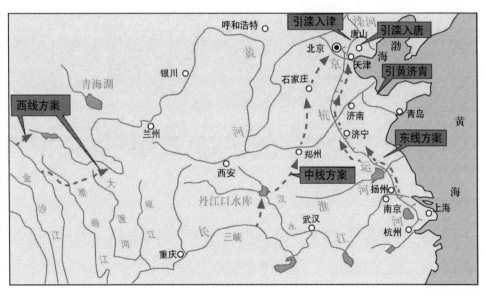

南水北調線路圖

　　三線最終調水規模為 448 億立方米，東、中、西幹線總長度達 4350 公里。目前，正在實施的東、中線一期工程調水規模為 184 億立方米，線路總長近 3000 公里，總投資 2546 億元，超過三峽工程的 1500 億元，移民 34.5 萬

優美的天津水環境

人。

截至二〇一二年七月底，南水北調工程建設項目累計完成投資 1634.9 億

元，占在建設計單元工程總投資 2188.7 億元的 74%。

南水北調東、中線全面竣工通水後，相當於給北方地區新開闢了一條黃河，供水面積達 145 萬平方公里，約占我國陸地面積的 15%，直接惠及人口達五億以上，潤澤 15 個省、自治區和直轄市，特別是能為 44 座大中城市解決缺水之苦。

在中國大地上，人們企盼著在不遠的未來，三條巨龍將會帶來華夏民族生命的生機與活力！

這一以江河之水編織的藍色之網，就是當代中國的百年水夢！

面臨向北方送水「大考」 02<sup>章</sup>

通水，是污與治的較量，是清與濁的對決。

通水，就必須是一泓清水，就是裸露著身子，向世人自豪地展示；藏污納垢，掩掩藏藏，則不敢大大方方走向前臺。

五十年規劃，五十年建設，五千億元投資──中國南水北調，注定要被歷史冠以「世界規模最大的調水工程」。

時不我待，形勢逼人。「一江清水北流」的理想預期最終能否實現？實際

河北境內的南水北調渠

治污進展到底怎樣？一切看能否按期通水！

通水就是大考，就是檢驗治污質量是否過關，就是「鯉魚躍龍門」。

迎接大考必須有豪氣，更要有底氣。

否則，就必須重新打量！

# 開工，更讓「治污」成熱點

「大江歌罷掉頭東」，夢想成真待時空。

南水北調，從毛澤東勾勒的偉大夢想到橫空出世，經歷了整整半個世紀。期間，伴隨著共和國跌宕起伏的艱難歷程，可謂步履逶迤。

在中國北方，早有「十年九旱」之說。

旱災，使我國經濟特別是農業生產蒙受了巨大損失。

統計表明，從一九五〇年至二〇〇〇年，因為乾旱全國平均每年直接減收糧食 100 億公斤以上，約占各種自然災害造成糧食損失的 60%。全國平均每年受旱面積達 3.26 億畝，成災 1.34 億畝。

二〇〇〇年前後，由於乾旱，在山東威海城市居民不得不承受超額用水加價 40 倍的付出，而遼寧大連的桑拿浴池則大部分被迫關閉。在北方，企業實行定額供水，這已經成了每年不算新聞的事實。

南水北調工程急迫上馬，還有一個重要原因，那就是二〇〇〇年前後，中

國北方的乾旱狀況持續加劇。

上了年紀的人或許還記得，一九八三年，引灤入津工程建成通水時，天津人歡呼雀躍，以為天津從此可以與水荒告別了，可以高枕無憂了。可不到二十年，水荒再次威脅著天津這座北方大工商業城市。

它又一次向天津人，乃至整個北方地區敲起警鐘：

北方每時每刻都會受到缺水的威脅，萬萬不可掉以輕心！

二〇〇〇年，北方廣大地區發生嚴重旱災，糧食減產，天津等華北地區和山東半島包括濟南在內，許多城市都被迫限量供水。天下名泉趵突泉也數度停止了噴湧。上面已經講過，為瞭解決天津的燃眉之急，國家不得不採取應急措

鑽孔施工

施，再次花巨資從遠在千里的黃河調水救天津，以緩解缺水危機。

二〇〇一年，中國北方在連續三年的大旱之後再次遭遇乾旱，其中遼寧、河南、河北、天津、山東、內蒙等地，呈越來越嚴重的趨勢。

在天津市，二〇〇一年已是第五個年頭連續遇到嚴重乾旱。作為天津供水的主要水庫於橋水庫的水位，在二〇〇一年六月初降低到十年來的最低點，擺上一個月的催雨用的大炮火箭派不上用場，用水一度進入了倒計時；而在遼寧，從未斷流過的遼河第一次斷流，並且斷流長度超過了一百公里。

在北京，二〇〇一年城市缺水的狀況十分緊迫，僅五月分北京降水就比上年同期降水減少百分之八十六。北京密雲水庫原本可以蓄水三十億立方米的水庫，此時庫容只有十八億立方米。北京現有的水資源，將無法滿足城市的需要。

乾旱使得黃河、淮河幾乎年年斷流。北方水資源的缺乏，使得城市用水不得不擠占農業用水，不得不擠占生態用水，不得不大量超採地下水。缺水，已經成為制約中國社會經濟發展的一個瓶頸。

與此相反的是，就在北方大力抗旱的同時，南方卻在防汛甚至抗洪，大量的水卻白白流走。

面對如此嚴酷的缺水狀況，如何才能解救北方缺水？

善治國者，善治水。

黨中央、國務院高瞻遠矚，適時作出了興建南水北調工程的重大決策。

二〇〇二年十二月二十七日。北京人民大會堂。

舉世矚目的南水北調工程開工典禮在這裡隆重舉行，東線的江蘇、山東兩省也在施工現場同時舉行了開工儀式。

設在人民大會堂的主會場布置得隆重而簡樸。上午十時，在歡快的樂曲聲中，南水北調工程開工典禮開始。典禮由中共中央政治局委員、國家計委主任曾培炎主持。曾培炎首先宣讀了國家主席江澤民的賀信。

上午十時十五分，當蘇、魯省兩主要負責人分別向主會場報告分會場開工準備完畢之後，國務院總理朱鎔基莊重宣布：

「南水北調工程開工！」

頓時，北京人民大會堂主會場內掌聲雷動。

江蘇、山東施工現場，彩旗招展，馬達轟鳴。

「南方水多，北方水少，如有可能，借點水來也是可以的。」

至此，從孫中山的民族復興之夢，到共和國領袖毛澤東的宏偉構想，經過了五十多年的勘測、規劃、論證，終於成為現實。

濤濤大江北上，赫赫千秋偉業。

五十年的藍圖，五十年的建設，五千億元的投資！

一年之後的二〇〇三年十二月三十日，北京永定河倒虹吸工程和河北省滹沱河倒虹吸工程同時開工。

這標誌著石家莊到北京應急供水工程的啟動，同時也拉開了南水北調中線工程建設的序幕。

中國南水北調，是人類有史以來規模最大的水利工程。

然而，南水北調東線「治污」一詞，再次成了國內外媒體焦點、熱點的詞彙。南水北調東線的取水口，包括淮河入長江的水道，那可是現代中國水源污染比較嚴重的區域。淮河，在安徽蚌埠曾經是連五類水都達不到的水質，沿岸

的子民們竟然守著淮河沒水吃。

還有中線的水源地，同樣有人們心頭揮之不去的「惡夢」。

中線工程主要供水目標：是京津及華北地區；

供水對象：是城市生活和工業用水,兼顧生態、環境與其他用水；

受水區的涉及城市有：北京、天津、石家莊、鄭州、安陽、新鄉、邯鄲、保定等一三〇餘座大小城市。

根據南水北調的總體規劃，中線將從丹江口水庫陶岔渠首取水，二〇一〇年將全線貫通，年調水量為九十五億立方米，水質要求達到二類地表水。

中線水源地的水質保護，就是向北方送水的生命線。防污治污，將直接影響到整個中線調水，能否治理好漢江上游水源區的污染，特別是一些污染比較嚴重的支流，已迫在眉睫。

從二〇〇五年到二〇一〇年，離通水的時間僅有四年的時間。京津等華北人民企盼著甘甜的丹江啊！但四年後，他們能如願喝上乾淨的丹江水嗎？

要知道，那是中國中部的貧困山區，非法採礦事件屢屢發生，薑黃加工污水直排漢江……中線的水源地能保持聖潔嗎？

人們不能不存在疑慮，如果治理速度趕不上污染速度，或是滯後於污染速度，那麼「一庫清水向北流」的夢想，就有可能化為泡影！

難怪北方人不能不產生這樣的擔心：南水北調的會不會把污水直接弄到北方來？南水北調會不會變成污水北調？

山河古道，旅途艱險。

魚臺縣唐馬河截污導流工程

人們的懷疑是必要的，擔心是必然的。

水污染治理、水環境保護，直接關係到南水北調的成敗！當然，相比中線與西線而言，東線工程的治污壓力更大。

早在二〇〇〇年九月二十七日的國務院南水北調工程座談會上，時任國務院總理的朱鎔基就強調：必須正確認識和處理實施南水北調工程與節水、治理水污染和保護生態環境的關係。並提出務必做到「三先三後」原則——「先節水後調水，先治污後通水，先環保後用水」。

而之後的溫家寶總理則強調，「把水污染防治作為重中之重，使南水北調工程成為『清水走廊』、『綠色走廊』」。

更有一些權威人士斷言：治污成，則南水北調成！治污敗，則南水北調敗！


# 東線人努力了

三十年前，貧困的中國人求溫飽；而三十年後的今天，中國人普遍渴望環保。

「一江清水北流」的預期最終能否實現？實際治污進展到底怎樣？

東線工程江蘇段是利用江蘇已有的江水北調工程，並在原工程基礎上逐步擴大調水規模，延長輸水線路，從長江下游揚州市的江都泵站抽引長江水，利用京杭運河及其平行的河道，為輸水乾線逐級提水北送。工程主幹線進入山東境內的韓莊運河，經臺兒莊、萬年閘、韓莊三級泵站提水入南四湖，再經湖內航道進入梁濟運河、柳長河入東平湖，經東平湖分兩路，向黃河以北的山東、天津及河北區輸水。

南水北調東線工程輸水乾線長一一五六公里，全線共設立十三個梯級泵站群。其中，江蘇境內九級，輸水線路總長約八百公里。據測算，從江都樞紐抽引的長江水，經過十天即可送達山東。

儘管長江下游水量豐富，水質較好，為東線調水提供了優越的水源條件，但由於輸水乾線利用了京杭運河及與其平行的河道，沿途並有擔當調蓄功能的

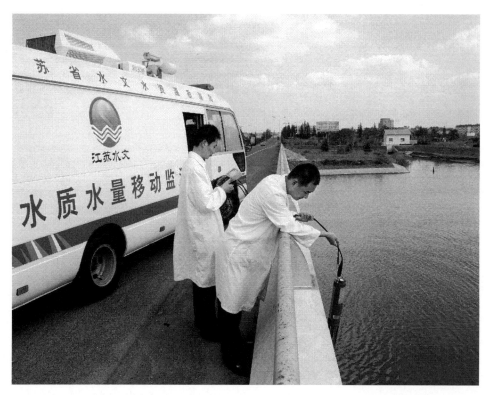

洪澤湖、駱馬湖、南四湖和東平湖，現有河道與湖泊幾乎占了輸水渠道的百分之九十。

　　另外，山東省省轄淮河流域包括南四湖、沂沭河兩個流域，涉及棗莊、濟寧、臨沂、菏澤、淄博、泰安等幾個市的四十多個縣（市、區），流域面積四萬七千多平方公里，又是東線工程的主要匯水區域。

　　開放式的輸水乾線，河湖貫通的輸水形式，使調來的長江之水與沿線的河水、洪水、湖水相互融合，情況複雜，要保證調水水質達到應有標準，無疑有很大難度。

　　東線治污不僅是整個工程的重要組成部分，而且其成敗也就成了整個南水

北調工程成敗的關鍵。

有責任，才能有壓力。

南水北調工程開工之初，國務院南水北調辦就和蘇、魯兩省分別簽訂了《東線治污工作目標責任書》，江蘇、山東兩省也與境內的下一級政府簽訂了責任狀。

不可否認，從中央到地方，對東線治污都給予了高度的重視。但東線污染隱患多，治污任務特別繁重。

早在「南水北調」東線工程開工前，為打造南水北調清水走廊，揚州市環保部門就制定了周密方案，在江都三江營建立「南水北調」東線源頭第一座水質自動監測站。

讓人怎麼也沒想到的是，時隔南水北調東線工程開工典禮剛剛兩天，即二○○二年十二月二十九日，揚州的邵伯湖就發生了養殖史上罕見的悲劇：魚蝦死亡十多萬斤，損失上百萬元，湖區的棲生物如蟹、螺絲、蜆子等均遭到劫難。

這消息一經媒體披露，立刻引起軒然大波，不僅讓乾渴的北方人憂心忡忡，就連沿線一些政府官員、業內人士和百姓也一片驚詫，對南水北調水質保持心存疑慮和憂患，甚至惴惴不安！

二○○四年，國務院在安徽蚌埠召開淮河水污染防治現場會，並與沿淮四省簽訂《淮河流域水污染防治工作目標責任書（2005-2010 年）》。

二○○五年，國家環保總局將把淮河治污作為領導幹部政績考核的內容，建立淮河治污工作獎懲和責任追究制度，對治污不力的單位和相關責任人依法懲處。當時，列入《淮河流域水污染防治「十五」計劃》的四八八項治污工程已完成 342 項。

淮陰三站

與二〇〇四年相比，二〇〇五年淮河流域總體水環境質量呈好轉趨勢，淮河幹流未發生大的污染事故，沿岸群眾飲水安全基本得到保障。

治污，始終是南水北調工程成敗的關鍵。南水北調東線一期工程有 296 個水治污項目：總投資 140 多萬元。其中，山東治污項目投資 87 億元，江蘇 49 億元。

為了不讓「一江污水向北流」，針對南水北調沿線造紙等行業排污突出問題，江蘇雷厲風行，積極實行「調整、提高、集中、嚴管」的措施。

對調水沿線所有新上項目，江蘇都實行環保「一票否決」，所有高耗水、高污染的項目一律不得上馬。

二〇〇四年，淮河流域江蘇境內有 206 家企業通過了清潔生產審核，通過實施各種改造方案，主要污染物平均削減幅度 5% 至 25%；全省共關停 14 家化學制漿造紙生產線。

隨後，江蘇全面淘汰了石灰法制漿工藝，關停了兩萬噸以下黃板紙廠，關閉了五萬噸以下其他化學制漿企業。據統計，不到四年時間，江蘇就關閉「十五小」和「新五小」企業 156 家，使沿線工業污染比重從「九五」期間的 60% 降低到了 45%。

江蘇省還提高蘇北地區化工行業准入門檻，並將新建項目集中到工業園區，集中處理污染物，同時加快治理老項目，逐步實施搬遷。

到二〇〇六年底，江蘇調水沿線地區新建了 26 座污水處理廠，並根據「污染者付費」的原則，提高了污水處理費徵收標準，建立環境資源有償使用機制。在南水北調東線源頭的江都市，還強制安裝了遠程在線監測儀。被監測的單位是：

列入南水北調治污單位的點源治理企業。

污水處理廠及日排水量一百噸以上單位。

排放量三十公斤的污染源單位。

其中，對長江三江營佘板渡口國家級水質自動監測站，則實現水質的實時連續監測和遠程監測，及時掌握東線長江流域水體的水質狀況。

同時，在蘇北宿遷市調水沿線的馬陵河、古黃河和古運河等河流，船舶污染的防治也初步控制。

這裡需要特別提及的是徐州人的治污努力。

徐州是個重工業城市，煤炭開採至今已有一三〇多個年頭。計劃經濟為徐州增添了榮耀，有煤炭、有鐵礦，南北東西，鐵路通達。別說江蘇，就是放眼全國，具有這樣優勢的城市也屈指可數。

資源總有枯竭的時候。從上世紀八〇年代起，徐州的煤炭產量明顯下滑，

到本世紀初，上規模的大型煤礦已所剩無幾了。沒有了資源，經濟發展就得轉型。可是，這一轉型就忙了幾十年。

徐州的經濟轉型是在整個中國大背景之下的。自然對於環境污染問題的重視，是不可能擺到相當重要位子的。

上世紀八〇年代初，徐州的環境狀況非常很糟。

徐州有一條奎河。這是一條人工開鑿的洩洪河，已有四百多年的歷史。它源自雲龍湖，流經安徽宿州、靈壁、泗縣三縣市，最後在江蘇泗洪匯入洪澤湖，全長 180 多公里，卻有 136 公里流經安徽，在徐州境內長 25.75 公里。

奎河原本是一條清澈的小河，從上世紀七〇年代末到八〇年代初，河邊聚集起一批污染嚴重的企業，市區部分生活污水也朝奎河排放。很快，奎河就黑了、臭了，蚊蠅成團卻寸草不生，成了整個淮河流域最髒的河之一。

據上世紀八〇年代初期統計，徐州每天有 124 家工廠的工業廢水、30 萬市民的生活污水，累計八萬餘噸排向奎河。奎河氨氮的最高含量超標 80 倍，化學需氧量最高含量超標 125 倍，致癌物亞硝酸鹽氮最高含量超標 200 倍。如此驚人的超標在全國亦屬罕見。

從那時起，徐州整治奎河行動就開始了，各級主管部門也先後出臺了相應的管理措施，但徐州市區的重點污染企業大部分集中在奎河流域，徹底清除需要巨大的財政投入，正經歷著「雙重轉型」的徐州不堪重負。

徐州市痛下決心，提出奎河治理目標：上游市區段水質變清，兩岸變美；下游水質達標，完成國家下達的任務。

這無異於「壯士斷腕」，所有的污染超標企業一律關停搬遷，不論其經濟效益如何。這一舉措涉及到幾萬人的再就業，徐州硬著頭皮扛下來了。

一九九四年，徐州利用世界銀行貸款，投資一點六億，從奧地利引進全套污水處理設備，率先在淮河流域建成了第一座污水處理廠，也是當時全流域規模最大的城市污水處理廠，日處理能力十萬噸，處理後污水各項指標均達到國家二級排放標準。

一九九八年，徐州又投資四千二百萬元，對該項目進行擴建，將日處理污水能力提高到一六點五萬噸，保證了當時奎河所有污水能夠全部處理達標。

美麗縣城

南水北調工程開工，為改善奎河出境斷面水質，二〇〇二年徐州又投資910 萬元，對奎河污水處理廠工藝進行再提高。二〇〇三年徐州改革城市基礎設施運營機制，採用新模式，由安徽國禎集團斥資 1.6 億元，獲得了奎河污水處理廠 30 年的特許經營權，徐州為每噸污水支付 0.8 元的處理費，為解決與安徽之間的長期矛盾找到了行之有效的辦法。

為保證污水處理工程的正常運行，徐州全面開徵了污水處理費，並專項用於污水處理廠的建設和運行。

二〇〇七年，僅市區就徵收污水處理費六千多萬元，保證了污水處理廠的正常運行，下游河段水質明顯改善。

水質監測顯示，二〇〇七年，江蘇沿線已有七個斷面的水質達到三類水，完全可滿足飲用、灌溉等需要。

但還有沒有達標的斷面怎麼辦？

不甘落後的山東，為確保一江清水向北流，僅全省就確定實施五類治污項目 396 個，總投資 113.26 億元。

早在二〇〇一年，山東省就在全國率先行動，關閉調水沿線所有二萬噸以下的草漿生產線，即 42 家造紙企業；

二〇〇四年，山東關閉八家五萬噸以下造紙草漿生產線，關閉所有五千噸以下酒精生產線；

二〇〇五年，山東又關閉一批黃河以南段的造紙、酒精、澱粉生產線，即調水沿線的 28 家污染企業；並根據造紙、紡織、印染等五個行業特點，頒布實施了高於國標的地方污染物排放標準。

二〇〇五年至二〇〇六年，山東省共投入 72.3 億元，將污染物排放量再

削減 60% 以上，決心實現沿線「有河就有水，有水就有魚」。

短短三四年的時間，山東段的 COD、氨氮排放總量分別下降 20.4% 和 30.7%。

在棗莊薛城區主要納污河流的大沙河，水中灌木、喬木叢生，河鷗等水鳥嬉戲，入湖口水質達到三類。姚莊村村民石義年深有感觸地說：「前些年，河水流出來都是醬油色，浮著白泡。現在河變清了，水裡也有魚了。」

讓人欣喜的是，一些企業做出了有益的嘗試。「如今環保可不是包袱了。以前處理一噸污水要花二十七元，現在一噸污水能收益二十元！」山東菱花味精有限公司常務副總經理鄭文敬說。原來，這個公司的廢水經過處理後，高濃度有機廢水變成了飼料蛋白、無機肥、脫鹽液有機肥，年創收二千多萬元，實現了由被動治污到主動污水利用的轉變。

一面削減工業污染排放，一面將污水充分「治理、截污、導流、回用」。

改革管理是逼出來的。那幾年，蘇、魯兩省均加快了城市污水處理的市場化，調整污水處理費，將污水處理廠改制。沿線地市污水處理費每噸提高零點八元至一元。這樣，既解決污水處理廠的運行費用，又緩解了配套管網建設資金的難題。

在京杭運河，蘇、魯兩省強制實施船型標準化，淘汰水泥船 4000 艘，拆改掛槳機船 2.4 萬艘。江蘇段建成 17 座船舶垃圾收集站和 43 座污（油）水回收站，並在蘇北沿線主要城市建設水上服務區。山東省出臺規定，在京杭運河幹線，要求不再規劃建設新的碼頭，並計劃搬遷、改造、拆除一批污染嚴重的碼頭和作業點，並已建成濟寧、棗莊等五個垃圾回收轉運站及污（油）水回收站。

江蘇將江都取水口劃為飲用水源保護區，並在輸水沿線建設六個生態農業示範縣。山東開展南四湖人工濕地中試基地建設，已在河流入湖口建設五千畝人工濕地，淨化水質，對入湖河水再次進行深度淨化。

尤為可貴的是，在調水沿線，人們的環保意識在不斷增強，政府的治污信心也在不斷增強。

蘇、魯兩省還每季度開展一次治污專項檢查行動，堅決整治違法排污。


# 堵污源，中線緊鑼密鼓

規劃，是藍圖，是理想境界。有了藍圖，就有了奮進目標。

按照南水北調工程的總體規劃，東線一期工程應該是在二○○七年通水。

而中線一期工程則將於二○一○年全線完成，向北方送水。

在宏觀大局面前，東線人治污是快馬加鞭，而中線人同樣是緊鑼密鼓治污。因為，乾渴的北方人早就企盼滾滾而來的甘冽長江水了。

面對北方的乾渴，中線源頭的秦巴山區人豈能無動於衷？

丹江口水庫的上游，密布的是高耗水、高污染的薑黃加工企業，直排的廢水，已對漢江、丹江等河流水質構成嚴重威脅。

薑黃生產和加工，是秦巴山區多個市縣的支柱產業，他們培育這個產業先後用了二十年的時間。

當初，為了動員老百姓種薑黃，許多鄉鎮幹部走村串戶，吃盡了辛苦。種薑鼎盛的時候，不僅農民種，機關幹部，下崗工人，甚至商人都種。結果，薑黃種植形成了一條「產業鏈」，迅速成了地方的支柱產業。

渠邊巡邏

　　到二〇〇三年，十堰市農民收入的 11% 來自薑黃產業，個別縣市達到了 30%，薑黃已成為十堰市農民脫貧致富的支柱產業。二〇〇四年，十堰市薑黃種植有五十多萬畝，年產鮮薑約四十萬噸，年加工皂素近二千噸，種植和加工分別為全國的 36% 和 44%。

　　然而，隨著南水北調中線工程的確定，水質成了南水北調的生命。因薑黃加工污染水質，並直接影響到能否一庫清水流向北方。

　　至此，人們不得不對培育二十年的薑黃產業產生質疑！這些污染的企業也面臨著生死抉擇！

　　治污，十堰人的思路是清晰的。從二〇〇四年開始，十堰市嚴格控制薑黃的生產規模，關停了三十家年產五十噸以下的薑黃加工廠，使薑黃企業減少了

一半，即由二○○二年的六十家下降到二○○五年的三十家。

拒批了數十家企業的立項申請：拒批三十九家電鍍企業、四家造紙企業、二十五家五氧化二釩冶煉企業。

先後關閉了丹江鋁業公司電解鋁第一廠和第二廠，排放了三十四年刺鼻煙塵的煙囪停止了冒煙。兩廠的關閉，永遠停止了對水庫及周邊環境的毒害。

郧縣是國家級貧困縣，幾乎沒有像樣的工業企業，但為確保一庫清水，他們果斷停產了排污大戶郧陽造紙廠，關閉了七家污染嚴重的薑黃企業。

為減少農業對水質造成的污染，丹江口市實施了生態農業工程，促進農業生產和生態環境的良性循環；開展無公害農產品基地建設，支持企業建基地、基地連農戶，帶動調水區域無公害、綠色和有機食品的發展；全市累計建設沼氣池 1.2 萬戶、省柴爐 8.6 萬戶，每年可保護 40 萬畝森林免遭砍伐。

同時，十堰市還通過環境影響評價，開始從源頭上治污，否決了一百噸以下的二十多家擬建薑黃企業。

二○○二年之前，陝西省薑黃種植走進了「黃金時代」。在皂素價格的帶動下，薑黃價格一路飆升，極大地刺激了薑黃種植加工業的發展。

更主要的是，薑黃加工號稱「廢水之王」。薑黃加工廢水順漢江而下，不僅讓沿岸村民難以忍受惡臭，更威脅到南水北調水源地漢江的水質安全。

陝西省常年種植薑黃面積就有 60 萬畝左右，占全國的 50%，有 80 餘家薑黃企業，加工量占全國的 50%，其中漢江上游地區漢中市就有 38 家，每年排放污水大約 100 多萬噸。

因許多企業廢水直排漢江，對南水北調中線水源區水質污染十分嚴重，陝南各市縣積極開展薑黃治理的有效探索。

位於豫、鄂、陝三省交界的淅川縣，是南水北調中線工程的主要水源地、淹沒區和渠首所在地，丹江口水庫53%的水域面積在淅川。

淅川人認為：保護好渠首的生態環境，淅川人責無旁貸！該縣先後投入資金3.5億元，採取各種措施，開展水質保護工作。

薑黃一度是淅川富民強縣的支柱產業。靠著境內原有三家深加工企業的拉動，薑黃興盛時面積達到36萬畝。同時，薑黃產業的膨脹，吸引了百餘家外地客商紛紛攜資到淅川興建皂素廠。

然而，縣裡明確表示，寧可不要污染企業，也要保護好丹江口水水源地。縣裡不僅拒絕了來投資皂素廠的外地客商，還採取財政補貼的辦法，引導種植戶和原有薑黃企業優化結構，順利轉產。

淅川縣擁有豐富的釩土資源，非法小釩窯發展迅速。由於這些小釩窯無序開採，又沒有任何環保設施，對礦產資源和生態環境造成嚴重破壞。二〇〇四年，該縣將境內三十餘座小釩礦全部炸燬。

由於利益驅使，一些不法業主將礬土轉運至周邊縣市冶煉。二〇〇六年六月，淅川縣展開大規模的聯合執法行動，迅速出擊，在兩天時間裡炸燬拆除了非法冶煉釩礦企業37家。

在控制新污染源的同時，淅川以結構調整為主線，分類施策，先後投入治污資金7600萬元，建成治污設施160臺(套)，強化廢水、廢渣治理能力。

二〇〇三年以來，淅川取締了13家污水排放量較大的企業，關停了52家污染企業。工業廢水污染的比重大幅下降，只占全縣廢水排放總量的1/4。

在二〇一〇年之前的三年內，淅川縣先後否決了帶有污染性質的外商投資項目36個，投資額達24億元；終止了10個建設項目的前期工作，取締了20

餘個違規項目。

# 「大考」能否過關

時間如白駒過隙。

淅川生態致富之路

一轉眼，五年過去了。

據介紹，按照治污規劃要求，徐州市另外三分之二的污水，需經過污水處理廠集中處理後，排入不牢河和房亭河，通過截污工程導入同為淮河支流的新沂河入海。但是，徐州的截污導流工程至此沒有完成規劃批覆，工程還沒有實施。

而揚州、淮安和宿遷的截污導流工程規劃，同樣因意見不一致，至此未批，新的方案也未確定，導致大量污水進入南水北調輸水乾線。

南四湖的水污染治理同樣也存在滯後問題。

全國人大檢查組表示，南水北調工程的調水水質正面臨著被污染的威脅，這必須引起足夠警惕。

檢查組通過對河南、安徽兩省情況的瞭解，淮河流域污水處理能力不足的現象比較普遍。如安徽省淮北、亳州、宿州、蚌埠、阜陽、淮南、滁州、六安八個地級城市，污水處理率均只有百分之五十左右。主要原因是資金不足，規劃批覆較晚，短期內建設資金難到位，地方配套資金不落實。

在此之前的二〇〇五年六月十七日，國家環保總局副局長汪紀戎率國家五部委調研組，到江蘇檢查指導南水北調東線治污工程。

江蘇省副省長何權匯報說，今年五月，十四個考核斷面中，十個斷面高錳酸鹽指數等六項指標達到地表水三類標準，水質達標率為百分之七十一。「目前江蘇南水北調工程沿線污染物排放總量仍然較高，部分地區超過環境容量；考核斷面水質不能持續穩定達到地表水三類標準；偷排、超標排污情況時有發生。」

在國家調研組面前，何權副省長並不隱瞞江蘇省南水北調東線治污工作的不足。

此時，在南水北調工程東線，沿線有百分之三十的治污項目沒有開工，還在「紙上談兵」；部分城市污水處理廠建成後，也不能滿負荷運轉。

江蘇省建設廳提供了一份污水處理廠建設項目進度表，在這份表上看到，宿遷市唯一的城市污水處理廠擴建工程尚未動工。而當時該廠日處理污水只有一萬多噸。

經濟發達的揚州市邗江區杭集鎮，同樣沒有建城鎮污水處理廠。有兩位專家曾經多次到南水北調水源地調研，他們向媒體提出強烈呼籲：

杭集的工業和生活污水最終都要進入水源區，如果杭集的污水得不到有效治理，東線水源區勢必隱患無窮！

從東線源頭江都來說，水質污染的問題同樣不容樂觀。

江都是一座名副其實的水城，通長江，接運河，里下河地區望不到邊的大河小河，縱橫交錯。

早在一九七七年二月，江蘇就建成了江都水利樞紐，從長江調水供應蘇北。於是，便有了江蘇境內的江水北調工程，建起九級泵站，實現了長江水往高處流。幾十年來，江水北調工程就像蘇北平原上的都江堰一樣，讓這片土地風調雨順，五穀豐登。

地處蘇北的江都與蘇南各市相比，算不上富裕，原本的支柱產業化工業，在嚴格的環保標準限制下，日益萎縮，隨之發展起來的是花木和建築產業。從取水口到長江之間的十五公里河道兩旁，原本有一大片磚瓦廠、化工廠，還有一座江都的生活垃圾填埋場。此時，這些都被清理乾淨了。

過了江都再往北，就是高郵湖湖區，高郵湖是江蘇第三大湖泊，也是整個東線工程鏈上水質最好的一個。

污水處理

　　東線被認為是施工條件最好的一條線路，就是因為主要利用現有河道作為輸水通道，然後用沿途各大湖泊來蓄水，一級一級往北送。只需要疏通河道，建設泵站，就能實現水往高處流。但是，沿途湖泊的水質如何，也就成了東線水質的關鍵。

　　二〇〇七年六月的太湖藍藻事件，讓公眾第一次意識到湖泊污染的可怕。

　　對於南水北調東線工程來說，湖泊的問題不僅僅是一城一省的污染問題，

如果無法使沿途湖泊水質達標，整個東線工程將完全報廢，不僅毫無調水的作用，還會成為不同地區之間排污糾紛的產生地。

湖泊污染的治理，遠非一時一日之功。

「在所有的自然生態系統中，湖泊是最脆弱和最難恢復的系統之一。污染起來很容易，可是想要恢復就非常難，它不像江河，經常流動。」中科院南京地理與湖泊研究所范成新研究員舉例說：「日本霞浦湖，面積還不到太湖的十分之一，可是日本人花了一七〇多億還沒有治好。到今天，隨著中國東南部地區工業經濟的高速發展，當地很多湖泊都被污染得不成樣子了，要想恢復水質很難，不是一年兩年的事情。」

東線因治理污染困境重重，那麼中線特別是水源地丹江口的情況怎樣？

太湖藍藻污染

丹江口市原名均縣，古為均州。歷史上的均州是一個美麗而富饒的地方，漢江繞城流過，終年千帆競渡，商賈雲集，熱鬧非凡。三十多萬畝良田，一馬平川，旱澇保收。經國務院批准，一九八三年撤均縣建立丹江口市。

上個世紀五〇代末，丹江口水庫樞紐大壩在這裡動工興建。一九六七年，丹江口大壩下閘蓄水，在漢江中上游形成了亞洲第一大人工淡水湖——丹江口水庫。

在這個工程中，丹江口全市先後動遷移民 160448 人，其中外遷 71875 人，市內安置 88573 人。由於農業發展的核心區域被淹沒，庫區人均耕地由淹沒前的 1.12 畝下降到 0.32 畝，人平均口糧由每年 432 斤下降到 222 斤，年人均收入由 80 元下降到 35 元。

因為建設大壩，當地生態環境遭到了嚴重破壞。「精壯勞力建丹江，老弱病殘砍抬槓，山上山下一掃光。」這是當時在丹江口非常流行的一句話。

在丹江口大壩建設過程中，丹江口市漢江兩岸二十五萬畝林木被砍伐了五十多萬立方米，僅十萬建設大軍燒柴一項，就使用了三十萬噸。

如今，要迅速恢復過去那優良生態，豈能是一朝一夕所能完成的？

丹江口的水源來自漢江與丹江。然而，這兩條江流域都地處秦巴土石山區，山高坡陡，地形破碎，降雨頻繁，長期以來水土流失就很嚴重，雖然國家已開始對這些地方進行水土治理，但是有限的投資，根本無法解決水土流失的嚴重狀況。

從二〇〇三年起，陝西省就利用國家資金，在陝西南部漢江、丹江流域劃出六個水土保持的示範區，進行預防保護的工程建設。短短四五年的時間，這些示範區共完成水土流失治理面積 8972.97 平方公里，修建水平梯田 48.27 平方公里，退耕還林 2134.7 平方公里，建設水土保持監測點四個，有效地改善

丹江口庫區水保護

了當地生態環境。

但是，由於原本水土流失的面積太大，近幾年又遇自然災害頻發，加上陝南市縣一級的人力、物力、財力有限，漢江、丹江流域水土流失還是沒有得到根本好轉，尤其是漢江流域，在秦巴山區青山綠水的掩蓋下，部分地區水土流失仍十分驚人。

相關資料顯示，從漢江源頭寧強縣到洋縣長達一五〇多公里的低山丘陵，地表土質鬆軟裸露，是一處主要的流失區。從南鄭縣到西鄉縣長達一八〇公里的地帶每到汛期，泥沙就大量輸送，堵塞河道、淤積塘庫。

水土流失，嚴重破壞了當地水土資源，使得土地砂礫化越來越嚴重，水源涵養十分困難，漢江水質也遭到污染。

水土流失還增加了河流泥沙，威脅防洪安全。漢江流域的石泉縣、安康地

區等大部分水庫淤積都很嚴重，如果不儘快遏止水土流失，長此以往，勢必會直接影響調水安全。

湖北十堰市三十家薑黃企業分布在全市各地。除九家各投資建設了廢水處理設施外，其他企業僅進行簡單的中和處理，廢水中 COD 含量高達每升三萬毫克以上。即使是建了廢水處理設施的企業，廢水處理效果也比較差，出水中 COD 的含量仍高達每升一千毫克，超過國家規定的一級排放標準十倍。

中線工程的當務之急，就是加強水源區保護。

寨懷溝村是丹江口水庫邊上的一個村，村民們響應國家支持南水北調工程的號召，為了保護生態和水質，山坡地實施了退耕還林，村民們「靠水吃水」，大多轉向以網箱養魚為生。

然而，從二〇〇五年三月十七日至七月二十五日，寨懷溝村連續發生四次網箱養魚大批死亡事件，給當地漁民造成了嚴重經濟損失。

二〇〇六年七月一日至三日，一場暴雨過後，六公里長的泗河內黑紅色的污染物再次湧向丹江口水庫。泗河寨懷溝村剩餘的網箱及鄖縣青山鎮共一千五百多箱魚，全部遭受了滅頂之災，泗河內漂滿了一層白白的魚蝦。

這次污染，共造成直接經濟損失一千五百多萬元。

死魚事件發生後，丹江口市環保等部門趕到現場取樣化驗，進行專家「會診」。

丹江口市疾控中心也對遭到污染的河水進行了檢測，發現該水域錳、耗氧量、菌落總數和大腸菌群均超標。同時，還顯示水中含有硝酸鹽氮、氨氮、亞硝酸鹽氮，水體污染嚴重。

專家經過綜合分析後認為，水體污染的主要原因：上游工業廢水集中排

死魚事件

放！

幾年來，泗河上游茅箭區和白浪高新區境內入駐了不少工業企業，尤其是薑黃加工廠和製藥廠。其工業廢水和居民生活污水，都直接流入了泗河上游的兩條支流——馬家河和茅塔河。一遇大雨，這兩條河裡的污染物，就順著河流流向了泗河，最終流到南水北調中線調水源頭丹江口水庫。

村民張光成家的六十五個網箱損失八萬多元。家裡沒有田地，生活全靠兩個小孩在外打工，每個月往家裡寄二百元錢來維持。張光成一臉茫然地說：「魚不能養了，現在都不知道自己該做什麼。」

在泗河的支流錢家河邊，鄖縣青山鎮錢家河村二組村民陳中英說：「貓狗本來最喜歡吃魚，可現在從河裡捕到的魚，它們聞一聞就走了，根本就不吃。

自己捕了一輩子魚，還是第一次遇到這種情況。」

更可怕的是，村民的身體健康受到了嚴重威脅。村民張光兵說，從二〇〇四年開始，一到夏天，自己只要赤腳在河邊勞作幾天，腳就會浮腫腐爛，爛得走不了路，「不知道這河裡現在都有什麼有毒的東西，連人也都受不了。」

寨懷溝村二組村民左啟林說，這兩年村裡患肝病的人不知為何驟然增多，前年就因肝病死了六人，去年又因為肝癌死了一人，最小的年僅三十二歲。二組現有一一〇多人，現在又有六人檢查出得了肝病。

泗河雖然流量不太大，污染卻是如此地嚴重。作為南水北調水源區的十堰市尚有許多污染隱患，可見污染治理，任重道遠。

還有，作為一條河流，漢江的自然屬性正面臨著即將消磨殆盡的局面。

從陝西西南部出發，至漢口匯入長江，漢江一路踉蹌前行，磕磕絆絆，一堵堵水壩，將她的脈絡生生截斷，割據為一個個人工湖。初步統計，包括各支流在內的整個漢江流域，建起的水壩數量已近千座。

其中截至二〇〇六年六月，陝西安康所在的漢江支流便已建成小水電站近四百個。二〇〇七年，安康市水利局稱，全市水電開發率已達到百分之九十二。

和岷江等其他長江支流一樣，漢江上游的水電開發，已經深入到她的毛細血管！

有專家表示，近千座的小水電站，將漢江支流溝渠化、湖泊化，減弱其環境容量，帶來諸多生態問題。而支流的煩惱，最終也將匯入漢江幹流。

如此而言，無論是東線還是中線，何時能送出合格的答卷？

# 勇於爭先的江蘇 03章

以國重任為己任，歷來是江蘇人的使命。

南水北調治理污染不過關，讓江蘇上下如坐針氈，讓江蘇人的「國家使命感」倍增。


# 運河源頭碧水流


在中國，或許沒有任何一座城市能像揚州這樣，會與京杭大運河如此地緊密相連，休戚相關。

「築邗城，開邗溝」。人們無法想像，二五〇〇年前，吳王夫差那場聲勢浩大的的壯舉，那一片舉鍤如雲的場面。儘管隋煬帝楊廣把它發揚光大成隋唐運河的一部分，後來京杭大運河的大浪淹沒了邗溝風采。但，一座城與一條河，始終在煌煌中國文明史上，共同書寫著燦爛篇章。

千百年來，這條河上舟來楫往，帆影搖曳，鑄就了這座城的幾度繁華。數不盡的歷史遺跡、文化景觀、民俗風情，布滿了這條大河和她的兩岸，成為大運河餽贈給揚州的寶貴財富。

可以說，揚州與古運河的一直情緣悠悠，難分難解。甚至有專家稱，京杭大運河揚州段，就是「活著的遺跡」。

汴水流，泗水流，流到瓜洲古渡頭。如果你有閒走進這座古城，古人的詩情會不時地激盪起你的雅興。

自唐開始，先後共計一八三位文人雅士聚焦揚州，林林總總留下近千首詩

詞。

富有意味的是，一九七八年五月三十日，國務院南水北調審查組一行一三
〇人，到江都視察三江營河口、通揚運河和三陽河，後從揚州出發，沿運河考
察南水北調工程的可行性。這是南水北調工程最早最大一次規模的可行性調
查。

如今，大運河再做新貢獻，成了南水北調東線的龍頭和水源。

揚州水上游

源頭江都的水質如何，是打造南水北調東線「清水走廊」的第一關鍵。

江蘇人理性務實、外柔內剛，執行中央方針雷厲風行。南水北調工程開工之初，江蘇省就與源頭的揚州市簽訂目標責任狀，並進行層層分解，寶應、高郵、江都等地均制定了建設、治污方案；推行「河長負責制」，對影響南水北調的重點河流，明確由縣（市、區）政府一把手任「河長」。

二○○七年十二月，江蘇上馬了總投資八一二○萬元的江都截污導流工程，利用提升泵站和壓力管道，將江都污水處理廠達標排放的尾水調出，改善輸水乾河三陽河段的水質和沿線水環境。

工程運行三年多來，三陽河、通揚運河等主要污染物的濃度和相關標準指數，均呈下降趨勢，水質得到改善。

揚州瘦西湖

江都西閘和高郵北澄子河，是國家環保部在揚州確定的兩大水體水質監測斷面。在治污過程中，難度最大的是高郵北澄子河。二〇〇六年，這裡水質每四天仍有三天不達標。於是，揚州市對該斷面實行掛牌督辦。

在高郵市龍虯鎮的南角村、朱家村和周巷鎮薛南村之間，共有三處蕩灘，位於京杭大運河和三陽河之間，是原高郵造紙廠的一個排污場。

高郵造紙廠創建於一九五七年，是以麥草為原料，採用傳統落後工藝的燒鹼法制漿，產生大量難以處置的廢水，經過多年積累，形成了偌大的「黑液塘」，總面積近千畝，直到一九九九年底才被關閉。

高郵「黑液塘」，是一部慘痛的「生態教科書」。

江蘇鐵腕治污行動實施後，高郵市通過公開招標，網羅全球各地能人，採用「分塘並塘」、「自然蒸發」、「生化處置」的方法，來進行治理，先後歷時十年時間，才徹底清除了這枚「生態炸彈」，使得滾滾黑液變成了汩汩清流。

在揚州境內的大運河，「南水北調」主要輸水通道有一百多公里，途經幾十個鄉鎮。運河兩岸湖泊交錯，各類水產畜禽養殖場星羅棋布，農副產品基地綿延數里。建設好綠色輸水通道，是保護水質的重要環節。

揚州為此劃定了十九個水資源功能保護區，並立牌保護。範圍涵蓋南水北調東線取水區、輸水乾線和支流水體，包括八十多公里的長江北岸揚州段，三十三公里的夾江，一四四公里的京杭大運河段，還有與幹流水道相通構成的河流、湖泊水網。

揚州市還啟動了南水北調沿線綠化工程，採用國際上流行的生態綠化手法，為工程輸水提供清潔水源，打造調水工程「清水走廊」。現在人們看到，在整個工程沿線的兩側，「景觀走廊」已初具雛形。其中，三陽河潼河寶應站的綠化工程長達四十五公里多。

二〇〇六年三月，揚州市設立了國家級生態功能保護區。初步規劃，東線水源保護區及外圍控制總面積有三七二六平方公里，其中核心區二五六平方公里，在核心區內停止一切嚴重污染項目建設。

在此過程中，揚州市依法取締了水源保護區內的污染源。

保護水源，就是在源頭全覆蓋。

在揚州泰安鎮，有一個坐落在鳳凰島景區的金灣村，是一個涉及到東線水源的村，村裡除了旅遊資源，還有一件寶：黏土。

「磚窯經濟」一直是金灣村的支柱產業，每年給村組帶來五十萬元收入。

村支書說：「為了環境保護，我們果斷關閉磚窯廠，村集體雖然損失了一大筆收入，但保護了植被，拒絕了『冒黑煙』經濟。」

泰安鎮的「七河八島」地形，都在南水北調東線取水源頭保護區內。像金灣村的苦惱，在泰安鎮還有至少十個村。

鎮長陸雲峰感嘆說：「為了追趕別人，我們做夢都想上大項目，但如果項目跨不過綠色門檻，投資再大都一票否決。」

二〇〇九年，他們花了很大精力談了一條投資二億元的噴砂生產線，最後卡在環保門檻上。惠通化纖有限公司應稅銷售占全鎮相當份額，但投產僅兩年，就因為污染水質被停產。

近六年，泰安鎮陸續關閉了全部磚窯、機械、化工企業，種植上千畝意楊林。這裡還出臺生態管理措施，對林木保護、污染源巡查、鎮容村貌改善，都作出了嚴格規定。

來自揚州市環保部門的最新監測數據顯示，這幾年，泰安鎮始終保持了一

級空氣、二類水質的良好紀錄。在為一江清水向北流作貢獻的同時，泰安人也為自己贏來了碧水藍天。

二〇一一年十月，金灣河畔，一個鋼材物流園已全面竣工。這是泰安鎮引進三億元民資開發的一個新項目。這裡原為勤儉村磚瓦廠，通過停產關閉和生態修復，將一百畝土地平整，藉助金灣河南來北往水上樞紐優勢，打造年銷售額過十億元的鋼材物流園。同時，泰安還對現有企業提質增效，引導華鐵、萬福壓容等企業建立院士、博士工作站，實現「零耗地招商」、「零增地技改」。

在「農業、生態、旅遊」結合點上下功夫，發展生態旅遊和現代農業，這已成為泰安全鎮的共識。現在，泰安旅遊產業正由「特色」向「主導」轉變。

如今，泰安以特色農產品生產為抓手，青殼草雞蛋、鹹秧草、桑椹酒、葡

封場復綠的垃圾填埋場

江都水利樞紐

作為示範帶動的配套，江都市還融資五點三億元，實施全市所有農村河道的疏濬整治，成片造林三萬畝。

僅二〇一〇年，江都市的環保投入就超億元，一年幹了三年的事，農村環境綜合整治更成為全省的樣板。

江都納入國家南水北調東線工程治污規劃的項目，共有四大類十六項。

截至二〇一一年底，江都已累計完成投資四億元，順利完成了國家南水北調東線規劃確定的治污工程。

水是流動的，空氣是流動的。

揚州人懂得，要保護「一江清水北上」，僅保證水源地的環境質量還不夠，還要城鄉一起聯動，保證調水沿線不受污染。

從二〇〇六年開始，揚州把重點放在了七十一個涉農鄉鎮上，實現城鄉的「四覆蓋」。即：

污水處理設施全覆蓋。

垃圾處理設施全覆蓋。

長效管護隊伍全覆蓋。

**醫療廢棄物處理全覆蓋。**

這一美好城鄉建設行動，讓揚州新農村面貌為之一新，「垃圾靠風颳、污水靠蒸發」的歷史，一去不復返。

一棵樹好栽，而一片森林則不易培育。

「十一五」以來，揚州市累計投入 20 多億元，造林 81 萬畝，其中成片造

泰州鳳城河三水灣

林 51 萬畝。目前，全市森林覆蓋面積已達 13.9 萬公頃，森林覆蓋率達 19.3%。

這十年的色彩，是噴灑在天空中的藍色。

十多年來，揚州無聲的數據就像簡譜一樣，傳遞揚州人對生態文明的詠歎。

綠化工程。

碧水工程。

藍天工程。

一系列生態工程的實施，不僅為南水北調東線源頭提供清水保證，還換來揚州百姓會心甜蜜的微笑。

近五年來，在引進外來資本、外來技術的過程中，揚州共退批項目二百多個。這些項目，要麼不合國家產業政策，要麼就是在源頭的選址不合理，或者就是污染比較嚴重的。

在南水北調源頭揚州段，為了實時監測水質，江蘇省水環境監測中心設置了七個水質監測站點。

二〇一一年一月至今，每月對長江沿岸、大運河沿線各監測站點，都進行了若干次監測、分析。

結果表明，東線源頭揚州段水質始終穩定在二三類區間，完全符合供水水質要求，居民飲用水集中式水源地水質達標率百分之百。

綠色機關、綠色學校、綠色醫院、綠色社區……在揚州越來越多的湧現出來。

# 「運河之都」的智舉

　　提起淮安，人們自然會想起韓信，想起梁紅玉，想起吳承恩，想起關天培，想起周恩來……一連串閃光的名字，一個個名人、佳人、偉人，耳熟能詳，難以忘懷。

　　水是文明的載體，淮安始終與水連繫在一起。歷史上的淮安，因淮河而得名，因淮水而得利。

　　古城淮安（原名淮陰），是南水北調東線揚州向北送水的必經之地。

淮河入海水道

淮安，地處蘇北腹地，南連長江，北通黃河，東臨黃海，史籍中稱其為「居天下之中」、「扼漕運之中」。京杭運河、廢黃河、鹽河、淮河幹流在境內縱貫橫穿，襟帶洪澤湖、白馬湖、高寶湖等河湖水域。

在歷史上，淮安從來就是個「江海通津」之地。從江淮流域最早的原始文化遺存——青蓮崗文化的考古發掘中，發現在耕作層以下二米處有大量黃沙，沙中伴有貝殼、木塊等物，表明七千年前此處是緊靠大海的沙堤。

據《史記》載，淮安在夏朝即有「陸則資車，水則資舟」之便。

對淮安影響最大的，莫過於大運河的開鑿。西元前四八六年，吳王夫差為了爭霸中原，開鑿古邗溝，溝通江淮。長江流域的軍旅乘船北上，到淮安下船後上車馬；黃河流域的軍旅乘車馬南下，到淮安下車馬後上船，「南船北馬」匯聚淮安的局面開始形成。

隋煬帝開鑿貫通南北的大運河，溝通了中國南北五大水系，而淮安由於地處南北，成為漕運的重要孔道。淮安在隋唐時期曾繁華一時，特別是商品貿易在唐代十分興旺，吸引了包括大食、日本、新羅等國的海內外商人，到了夜晚，「千燈夜市喧」，「酒酣夜別淮陰市，月照高樓一曲歌。」淮安逐漸發展成為運河沿線的一座名城，有著「淮水東南第一州」的美譽。

在清江浦的裡運河畔「南船北馬，舍舟登陸」的那塊石碑，似乎鐫刻著淮安這座古城與水的輝煌。

和淮陰侯韓信的命運比較相似，淮安的命運也是「敗也黃河，成也黃河」。西元一一九四年，黃河從陽武決口奪淮，從此淮安水患不斷，一度流傳「倒了高家堰(洪澤湖大堤)，淮揚二府不見面」的民謠。高築的「鎮淮樓」，雖有借此「震懾淮水，保一方安瀾」之夢，但是洪水依然凶猛慘烈。由此，淮安漕運受阻，日顯衰敗。

潮起潮落，歲月輪迴。明朝嘉靖之後，黃河再次改道並裁彎取直，又使得京杭大運河南北航運貫通。

西元十五世紀至十九世紀中葉，淮安迎來歷史上持續四百多年的第二次繁榮，元、明、清三代的京杭大運河上漕運總督府，就設在了這裡。鼎盛時的淮安，竟然與揚州、蘇州、杭州並稱運河沿線的「四大都市」。

因水利而盛，又以總漕、總河駐節淮安和清江浦的興起為標誌，明永樂年間，陳瑄駐節淮安，總督漕運，利用宋代開挖的沙河故道，在淮安開鑿了二十公里的裡運河，引淮安城西管家湖的湖水入淮，從而孕育出了大運河沿線的「清江浦」。設在淮安的漕運總督府，每年指揮整個運河上的十二萬漕軍，從江南的各個省府道集中四百萬擔漕糧，通過運河，浩浩蕩蕩的運向北京……

漕運總督之所，商賈雲集之地，盛極一時。

淮安的文明與興盛，與水有著深厚的歷史淵源。

「震懾淮水」的鎮淮樓，訴說著一個古老民族「保一方安瀾」的希冀；漕運總督府的歷史遺跡，記載了一段古老帝國的繁盛夢想。

作為一座因水得名、因水而興的城市，它的每一次輝煌，都與水利有著難以割捨的紐帶連繫。

作為「南船北馬、九省通衢」的淮安，對於國家南北大動脈，治水地位的重要，自然是不言而喻的。

在當地曾有這樣的說法：全國水利看江蘇，江蘇水利看淮安。誠然，這種說法雖非確切，但卻反映出水利對於淮安這座城市的獨特魅力。從淮安的治淮展示館中，我們可以看到一代代水利人的足跡。

淮安全市百分之八十的土地面積處在設計洪水位線以下，極易發生洪澇災

害。尤其是洪澤湖要承接淮河上中游十五點八平方公里的來水，經淮河入江水道、淮沭河、蘇北灌溉總渠等流域性河道，入江入海，歷史上素有「洪水走廊」之稱。

作為「洪水走廊」，處於淮河下流，淮安人幾乎吃盡了水環境污染的苦頭。治污是整治環境，也是創造發展機遇！淮安人豈能落後他人？

面對南水北調，淮安毫不猶豫，堅決服從國家大局。從市區污染的根治，到河湖濕地的恢復，到東線調水涉及的截污導流工程，他們都認真梳妝，精心雕琢。

在南水北調東線工程的大局面前，淮安人絲毫不含糊，而是以飽滿的熱情，一絲不苟的科學態度，治污保水。

排污口惡臭陣陣

南水北調東線一期工程，既有穿越淮安沿線的十多個送水建設工程，還涉及到市區裡運河、清安河等諸多的治污區域。

在淮安人的記憶中，過去的裡運河，就像是個蓬頭垢面的「醜媳婦」。沿河兩岸，廠區密布林立，違章搭建隨處可見，各種污水直接排入河中；河堤雜草叢生，崎嶇不平；河面漂浮著枯木衰草和白色塑料袋，垃圾成堆，水葫蘆瘋長，河水渾黑一片，不堪入目。走近河邊，惡臭陣陣，路人只能掩鼻而過。

水，對淮安人有著特殊情緣，大運河也是淮安人的母親河。七〇後的杜長春家住淮安市淮安區，那幾年，她最大的願望就是盼著大運河變清。

杜長春就出生在大運河畔。她記得，小時候她經常在運河裡撈魚，還和夥伴們戲水，可等她逐漸長大後，河上船隻越來越密集，河水也越來越髒，魚兒開始絕跡，難聞的運河水，常常讓她望而生畏。

什麼時候，大運河才能回到夢中的童年呢？

為了這個夢想，杜長春輾轉調到了市環保局污染防治處。她想通過自己的努力，來改變這條生她養她的母親河的現狀，實現她和鄉親們的渴望。

她認為：「不能只為了追求 GDP，就犧牲老百姓的生活質量！」

同在運河邊長大的市民楊軍則感慨地說：「我小時候，裡運河水清冽甘甜，家裡吃的水都是到運河裡挑水回家的，我和鄰居們到河裡抓小魚。可現在的河裡水臭哄哄的，哪個敢用？」

裡運河水質不斷下降的原因，嚴重的化工污染是第一大罪魁。

淮安人曾經引以自豪的母親河，竟然成了沉重的市容負擔。裡運河非整治不可了！

說幹就幹，隨即一場大規模整治裡運河的序幕拉開：

拆除了沿線碼頭一百多座；

搬遷了沿岸低矮民房十多平方米；

清理河道內所有廢棄船舶；

清理淤泥一四○多萬方；

十五萬噸、十萬噸污水處理廠相繼建成使用；

鋪設沿裡運河和大運河截污幹管二十二多公里；

……

人心齊，泰山移。為了保證南水北調的一泓清水，淮安的老百姓通情達理，盡量不給政府添煩惱，而政府也想方設法做到人性化。

走進如今的淮安市區，展現在人們面前的是一幅美麗的「清明上河圖」：經過整治的裡運河，河水碧波蕩漾，兩岸垂柳依依，綠草如茵，鳥鳴蝶舞。徜徉其間，你會發現，閒庭漫步的遊人，聚精會神的釣者……奇特的水鄉美景，盡收眼底。特別是華燈初放時，行徑在依水而建的休閒走道、亭臺之間，遠眺近觀，裡運河兩岸，流光溢彩，綿延數里，分外迷人。

淮安的水污染整治是持續的，全面的。

二○○六年二月，淮安市區的二河、古黃河曾不同程度地暴發了藻類現象，這不僅影響到八十多萬市民的唯一飲用水源，還會影響到了南水北調水質的安全。

市政府組織有關部門全面清查，終於發現了污染水源。原來，禍根重重：

沿岸五百多戶居民的各類垃圾、廢棄物，隨意傾倒河中；

二河水域分布著五六〇多畝水產集中養殖區，飼料、排泄物造成水體的富營養化；

二河、古黃河沿岸碼頭在不斷增加，航行船舶越來越多，油廢水等污染物的排放不斷增加；

一直以來，古黃河沿岸八個排水口向其排放城市生活污水；

二河沿岸部分企業不能做到達標排放，與二河連通的張福河水受到沿岸七家鹽化工企業的污染，水質惡化趨勢明顯。

針對這一嚴峻形勢，淮安市決定採取鐵的措施，對污染源進行全面整治。

在先後兩年的整治中，淮安市搬遷了沿蛇家壩幹渠的所有牛棚、豬圈、廁所，清理幹渠河道內垃圾和淤泥五千多方，並加大活水流量，淨化幹渠水質。

清理了古黃河取水口百米範圍內的漁網、蝦籠，搬遷了古黃河北岸十一戶養殖戶，封堵了二家企業的排污口，共拆除網箱一千三百多個，清理圍網養殖五六〇多畝。

在二河閘至張福河口附近水面，設置永久性斷航設施，全面禁航，拆除三十六座碼頭，二十一座碼頭的經營場地被收回。實施古黃河南岸截污工程，關閉城市生活污水和二河沿岸五家企業的排污口，對七家麵粉企業實行專人駐廠監管。

白馬湖地處市區南部，面積約一五〇平方公里，獨立於洪澤湖和京杭運河水系，大部分湖面在淮安市境內，是南水北調東線輸水乾線上的重要湖泊，也是淮安市區第二飲用水源地。

淮安四站

　　白馬湖養殖業高度發達，網箱密度高，特別是白馬湖西側來自洪澤縣城的污水，讓人擔憂。

　　為保護白馬湖水質，避免產生新的污染源，二○一○年二月，在寧連公路一側，淮安市將洪澤縣城市污水處理廠的尾水，再經過人工濕地、穩定塘等，對其「生物—生態」的技術處理，即將城市的尾水，投配到土地上，通過一系列工程淨化污染物，使其尾水水質符合農田灌溉，符合入海水道標準，東下入海。這項技術實施後，使得白馬湖水質常年達到三類水標準。

　　在淮安市，提高污染企業准入門檻，或遷出運河岸邊，通過污水處理廠收集廢水的成功例子，也不勝枚舉。與關閉企業不同，讓污染企業搬遷，需要更

多的耐心和更加周全的考慮。

走進淮安市十八號工業園區，淮安市淨水劑廠廠長姚軍笑得格外爽朗。這家一五〇多人的小廠，是當地有名的民營企業，裡運河污染整治，它被列為搬遷企業之一。姚軍說，他的工廠是生產聚合氯化鋁的，主要用於自來水的淨化以及工業污水的處理，以前廠子規模小，年生產能力在一萬五千噸左右，產品供不應求，但廠子在裡運河邊，想發展也沒有空間。

姚軍還高興地說：「南水北調治污工程給了我們一個千載難逢的機遇，加上廠子對運河水確實也有污染，我們一切服從大局，說搬就搬，政府部門積極協調，加快了安置步伐，最大程度地降低了企業的生產損失。從東邊搬到西邊，廠區規模由原來的三千平方米擴大到六千平方米，生產能力擴大了兩倍，新廠區所排污水直接進入了污水處理廠。目前，企業效益非常好，走上了良性發展之路。」

姚軍的感激之情，透露出了他對南水北調淮安治污工程機制的充分肯定。

「河長制」，是淮安人治污的一把利劍。二〇〇九年六月，淮安市學習蘇南人的治污經驗，果斷作出了全面建立「河長制」的決定。市委書記、市長任「河長制」管理工作領導小組組長、副組長，下設辦公室、工作巡查組、水質監測組、督查考核組。

「河長」是其所負責河道的第一責任人，無論是水生態、水環境持續改善，還是調水斷面的水質是否達標，他都要對其所負責河道承擔第一責任。

在淮安，無論是市委書記、市長，還是區縣（市）領導，每人都要負責一條河的環境治理和保護。

這種方法被層層效仿，大大促進了全市的環境污染整治工作。

淮陰二站

淮安市水利局局長黃克清就擔任兩條河的「河長」。黃克清對我們說：「剛開始實行『河長制』的時候，我經常接到領導和市民的電話，說是某某河道有飄浮物，某某河溝有異味，通過綜合整治，這兩年這樣的電話少多了。」

就在我們站立「南船北馬，舍舟登陸」的那塊石碑橋頭，只見一條獨木小船從遠處的河心，由北往南緩緩游來。

春風蕩漾，小舟搖擺，沿岸的絲絲楊柳，倒映在清澈透明的河水之中，別有一番詩情畫意。起初，我還以為是遊覽的觀光船，待到靠近，這才發現，原來這船上與別處見到的卻不一樣。這船的一邊有一個容器，船上兩位女船工穿的不是俏麗的服飾，而是黃色的救生衣，手裡還拿著打撈的器械。

黃克清還告訴我們：「我們淮安不僅實行『河長制』，鄉村河道還招聘保潔工，現在全市農村共有河道保潔工一千五百多人。他們每月有兩千多元的工資，還配給清潔船和工具。」

讓淮安的每一條河道清澈！這是淮安人的心聲，這是淮安人鏗鏘的誓言。

在加大水環境整治中，淮安讓城市的河道景色美化了，農村水環境明顯改善了。走進現在的淮安，無論是在城市還是鄉村，幾乎所有的河道則都實現了：「河暢、水清、岸綠、景美」。

令人欽佩的是，淮安人不僅在治理環境上「妙筆生花」，而且重拳出擊危害水環境的犯罪行為。

二〇〇九年二月中下旬，淮安市區飲用水出現異味，一度引起了市民的恐慌。

後經洪澤縣人民檢察院舉證指控，汙染源為洪澤日輝助劑有限公司。原來，這家公司的主要負責人袁國來、戈建東、肖志東是汙染事件的幕後黑手。

他們曾多次出資，安排個體老闆張百鳴、張百平等人，將有毒有機汙染物的工業廢水，故意排放到蘇北灌溉總渠，因而造成水體重大污染。

同年，二月十九日十時至二十日二十二時，淮陰抽水站從已被污染的蘇北灌溉總渠抽水一千五百萬立方米。這些水，後來被淮安市北京路水廠和城南水廠取走，進入淮安市自來水管網。

此案發生在二○○九年春節後不久，淮安全市近一週時間無法正常用水，給全市的生產生活造成了嚴重影響，給自來水公司造成直接經濟損失四十八萬多元。

經司法調查取證，個體老闆張百鳴、張百平為感謝袁國來、戈建東給他們提供的「生意」，分別給予袁國來、戈建東六點一萬元和五點六一萬元的回扣。

二○一○年一月，江蘇省洪澤縣人民法院一審以重大環境污染事故罪，對相關企業和事故責任人給予嚴厲處罰：

判處污染事故責任方洪澤日輝助劑有限公司罰金一百萬元，並賠償淮安自來水有限公司人民幣三十五萬多元；

以重大環境污染事故罪、非國家工作人員受賄罪，分別判處責任人袁國來、戈建東有期徒刑二十九個月和二十二個月；

以重大環境污染事故罪，分別判處肖志東等六名被告人一年至九個月不等的有期徒刑。其中三人執行緩刑。

另外，並處八名被告人二萬元至十五萬元不等的罰金。

對於被告單位及八名被告人的違法所得，人民法院則予以沒收，上繳國庫。

江都水利樞紐

　　隨後，二審法院駁回原告上訴。此案判決正式生效，判處的附帶民事賠償和罰金一併執行。

　　對於這起水污染事件，人民法院既對犯罪分子判處有期徒刑，又對犯罪單位和個人判處附帶民事賠償及罰金，具有很強的法律警示作用。

　　淮安治污，只是南水北調沿線地方政府思想轉變的一個縮影。

　　對南水北調治污工程項目的深刻理解，持續治理，構築起了淮安市水環境的安全屏障。至二〇一二年底，淮安境內地表水已基本達到功能區標準，國控和省控的斷面水質全部達標。

　　運河沿線水質的改善，還帶動淮安的旅遊產業，帶來了臺資集聚的新高地，讓「運河之都」重放水彩……

站在立交淮河水道和京杭大運河長廊上，一望無際的綠色原野，縱橫交錯的水鄉河網，連接江河湖海的水利建築群，穿梭繁忙的貨船港口……

頓時令人目不暇接，浮想聯翩。

南水北調，彷彿為淮安注入了無限地生機與活力，讓她正在續寫「壯麗東南第一州」的歷史輝煌。

# 水綠宿遷的奧妙

「煙波水世界，綠色夢田園」。

這是一位外地學者來到宿遷後的由衷讚歎。

在江蘇，宿遷是一個年輕的地級市，經濟重量在全省偏低，但讓宿遷人引以為自豪的是，宿遷擁有江蘇獨一無二的廣闊水面，境內有「兩湖」（洪澤湖和駱馬湖）、「兩河」（古黃河、運河）。

以水為網，網羅萬千氣象；以水為媒，通達四面八方。駱馬湖是鑲嵌在廣袤蘇北大平原上的一顆明珠，位於宿遷市西北部，總面積375平方公里，為江蘇省四大淡水湖之一。洪澤湖2/3水面在宿遷境內。京杭大運河縱貫全境，沂、淮、泗、沭、睢，諸水通達，古黃河、六塘河、民便河，河網縱橫。豐富的水資源，便捷的航道，使宿遷成為南北交通的樞紐。

宿遷總面積8555平方公里，而水面就達2367平方公里，占全市總面積的近1/3，是一個典型的江北水鄉澤國。

宿遷污古黃河

現代宿遷人以水為脈，以綠為魂，傾心打造綠色生態城市。

而歷史上的宿遷，卻是個深受水害的地方。

宿遷地區自古為眾水所聚。隋唐時期，宿遷境內水流縱橫，來自桐柏山的淮河，來自沂蒙山西麓的泗水，自沂蒙山東麓的沂水、沭水，來自鴻溝水系的汴水、濉水……但諸水依次入淮，東流入海，安然無恙。

然而，一場空前的災難，讓宿遷大地人間巨變。

宋代黃河大決口之後，黃河裏挾著大量泥沙奔突恣肆，所到之處，蕩然無存。魯西南、豫東、皖北和蘇北成了一片汪洋，二十多萬人被淹死，一百多萬人死於饑饉，一千多萬人流離失所！

在魯西南、豫東、皖北和蘇北一帶聚集的黃河之水，四下奔突尋找出路，最終擠入泗水、淮水，搶占了入海通道，史稱「奪泗入淮」。奪泗入淮是非常

重大的歷史事件，在七百多年的漫長歲月裡，徐州以下的泗水和淮陰以下的淮河都被稱為黃河，直到若干年之後，黃河再次改道北上。

黃河「奪泗入淮」，讓原本清澈流暢的泗、汴、濉、穎、渦諸水，要麼不復存在，要麼面目全非；原有的眾多湖泊消失，留下的洪澤湖和駱馬湖，猶如萬丈懸崖一般，時刻有崩潰的危險，令人提心吊膽。

黃河「奪泗入淮」給宿遷人民造成的危害，直到上個世紀七〇年代仍有影響。

黃河給宿遷這片土地帶來的危害是災難性的，那麼京杭大運河呢？

淮安水門橋

京杭大運河奔騰南下，流經今天宿遷的泗洪縣、泗陽縣與宿豫區、宿城區。京杭運河在宿遷市境內的變遷過程比較複雜，隨著大運河的改道，河道先後從宿遷內境與南境經過。

早在隋代，隋煬帝下令開鑿自河南汴京至泗州入淮口的通濟渠，河道就經過今天宿遷的泗洪縣境；元明以後，蘇北大運河河道北遷，並在相當長時間內以黃代運，即借黃河故道通航；清初開鑿中運河，這兩條河道都流經今天的宿豫區、宿城區與泗陽縣境內。

就清代而言，南北漕運對朝廷有著特殊的意義。

一六七六年，黃河、淮河齊發大水，淮河下游九處決口，洪水匯入運河，氾濫成災。翌年，康熙帝任命安徽巡撫靳輔為河道總督，專門治理河務。隨後幾年中，靳輔便命地方官徵集民工，開鑿四十餘華里長的皂河，不久又開鑿新河三千餘丈，經龍崗岔口，將皂河運口下移至張家莊，故稱張莊運口。後來，靳輔又征民工，從張莊運口向南開一條河道，出駱馬湖口，經宿遷，歷桃源（今泗陽縣城南），至清河（今淮安市）仲家莊注入黃河、淮河交匯處的清口，全長一八〇華里。

這條河連同皂河北上山東臺兒莊的運河，統稱為中運河，又名中河，下與裡運河相接，並在至今三百餘年的時間裡，一直被稱為「黃金水道」。

中運河的開鑿，徹底改寫了大運河的歷史，使頻臨湮廢的世界第一人工河重新通航，為南北漕運揭開了嶄新的一頁。

京杭大運河宿遷段的重要，我們還可以從乾隆行宮遺址中得到印證。清朝乾隆皇帝六次巡遊江南，有五次到「敕建安瀾龍王廟」祭祀，並駐蹕於此，故此廟稱為乾隆行宮。

大運河在宿遷境內自南而北遷，經歷了數百年的時間演變，自然留下了眾

多的名勝古蹟與風物傳說，亦留下了許多的人間悲歡離合。

京杭大運河不僅帶來了南北水路交通的便利，促進了宿遷地方經濟的發展，而且為宿遷留下了豐富的文化遺產。

宿遷是南水北調東線工程的重要匯水區域，擁有一一二公里京杭運河、五十八公里徐洪河二條輸水幹線，還有洪澤湖和駱馬湖二個調蓄水庫，在國家南水北調東線工程中肩負著重要的使命。

京杭大運河在宿遷的長度約占江蘇段的百分之十六點二，居江蘇省沿河各市之首，是江蘇水運最繁忙的黃金水道之一。京杭大運河從北向南進入宿遷市，由西北轉向東南，狀若彎弓，蜿蜒而過。其中，穿越市區的中運河城區段長約十六公里。

運河朝陽

歷史上，中運河曾以其得天獨厚的優勢，在繁榮宿遷發揮過重要的作用。

然而，由於歷史原因，中運河長期得不到有效治理，沿線雜亂無章，環境污染十分嚴重。中運河沿線臨水而居著近千戶居民和近百家企業，還有大批剛剛進城的農民，連什麼豬圈、露天公廁等污染源，也應有盡有，大量的生活和工業污水被直排入運河，沿岸堤防被非法侵占、剝蝕嚴重。

到上世紀末，中運河宿遷城區段的污染已經慘不忍睹，沿線群眾意見集中，反映十分強烈。

宿豫區順河鎮的倪成錄、蔡佩余是中運河上的「常客」，十多年來，他們一直在運河上劃著小船收廢品。回想過去的宿遷中運河環境，他們的感覺只有三個字：「髒、亂、差！」

隨著城市化進程的加快，城市規模的擴大，特別是國家南水北調工程啟動後，宿遷上下的壓力越來越大，整治中運河勢在必行。

宿遷市及時擂響了中運河綜合整治的戰鼓，加大治污投入，強化控源截污，儘快改善斷面水質。

宿遷中運河城區段的綜合整治，集防洪、城建、環保、文化、旅遊為一體，是一項社會公益性基礎設施工程。「以人為本，以生態為源」，是綜合整治工程突出的設計理念。強調沿河景觀與傳統文化的融合，宿遷旨在重新部署河岸空地，提高河岸的交通便捷性，創造一種自然、祥和、休閒的城市氛圍，使之成為獨具特色的蘇北「浦東」，宿遷「外灘」。

作為建市以來單體投入最大的建設項目，中運河城區段綜合整治需巨額資金投入。面對經濟薄弱、財力匱乏的市情，宿遷市積極開拓創新，「依託市場、經營城市」，把整治工程作為一項產業來開發，作為經營項目來運作，作為經濟實體來管理，努力打造城市開發經營的示範工程。

宿遷污水處理廠

在工程啟動之初，宿遷便成立了「水務建設投資有限責任公司」，以綜合整治，促動開發經營；靠開發經營，推動綜合整治。

除了河岸加固、道路修築和景觀建設用地外，對居民小區、商業服務和市場建設用地，一律作為經營性用地投放市場，掛牌拍賣，公開競價，以實現土地收益最大化，最大限度地實現城市資本置換，緩解建設資金壓力。

中運河綜合整治工程，是宿遷舊城改造規模最大的工程，拆遷工作面廣量大，困難重重。負責拆遷的政府工作人員不厭其煩地深入現場，多次與群眾促

膝談心，既做好解惑釋疑工作，又維護群眾的切身利益，贏得了群眾的理解和支持。

沿岸廣大居民和工礦企業也都能識大體、顧大局，積極主動配合拆遷。

運河南路張琪珍女士的住宅被拆遷了，看著居住多年的房屋，張琪珍戀戀不捨，但她卻說：「為了南水北調的清水，為了城市更好地發展，我們老百姓怎能不支持？」

中運河城區段綜合整治工程實施三年多，共完成投資 3.1 億元，居民拆遷2900 餘戶，搬遷企業 62 家，清除滯留船隻 2400 多艘，填築堤防完成 7.2 公里，砌築擋洪牆 12 公里，建設黑魚汪船隻輔助停泊區 27 萬平方米，新建改建九座涵洞。

同時，還建設了一系列公益性工程，如步道、臺地、景觀小品、亮化等，實施綠化長度 12.6 公里，栽植喬灌木 20 萬株，新增綠地 64 萬平方米。

在運河邊居住了二十多年的程清明，指著運河西岸的一塊綠地說：「我們原來就住在那兒，現在住進了商品房。我和老伴每天都到這河岸公園晨練。」老程感慨道：「從前的髒亂之地變成了現在的風水寶地，這運河兩岸的變化真是翻天覆地！政府整治運河是造福人民、惠及子孫的一件大實事。」

跑船運的山東人孫賢經常往返宿遷段運河。在他的眼裡，如今的宿遷中運河兩岸如同城市建設一樣，日新月異，兩岸變美了，河水變清了，河道變寬了，醉人美景讓人流連忘返。水上看宿遷，也無愧為一個生態、綠色城市。

如今，宿遷段京杭大運河，已成為南水北調東線工程的一段「清水生態走廊」：

沿河兩岸綠樹成陰，芳草如氈，花繁似錦，楊柳依依。河濱人行道上，市

民們在悠閒地漫步；亭臺水榭旁，頑皮的孩童歡聲笑語，嬉戲玩耍；公園長椅石凳上，遊人在休憩閒聊……

泛舟運河之上，清波蕩漾，悠然自得，讓人頓生「船行碧波上，如在畫中游」的美感。

在治理南水北調水環境過程中，江蘇人總是未雨綢繆。

就在對京杭大運河宿遷城區段綜合整治的同時，江蘇人又果斷決策，將宿遷段大運河改道東移。

為什麼要如此決斷？

因為，京杭大運河宿遷城區段的貨運量每年接近億噸，貨物周轉量占全省

濕地保護

內河貨物周轉的 1/3 強，相當於三條鐵路的運輸量，對緩解京滬線鐵路運輸緊張，起到了積極作用。但每年船舶流量增速仍保持在 10%以上，船隻過往頻繁，大大超出了航道原有設計負荷。

怎樣保障南水北調輸水主幹線的水質不受影響？宿遷市毅然決定，「曲線保清流」！

即在原有航道的東側，重新開挖一條新航道，繞過宿遷城區與大運河連接，從而實現過往船隻不再從原先河道通航，改線工程在二〇〇七年底通航後，確保了南水北調大運河宿遷段的水質。

宿遷全市還新建成六個污水處理廠和一個電廠脫硫工程，市區和各縣城鎮新增污水主幹管網 65.8 公里。

南水北調沿線的泗洪縣除專門上馬污水處理廠外，還縮減農業面源污染相對重些的山芋種植面積，即從過去的二十萬畝縮減到二萬畝。

面對二〇一三年的東線通水，宿遷人早已是躊躇滿志。


# 煤城果斷「亮劍」


徐州，是黃帝后裔彭祖故地，古稱彭城，自古為華夏九州之一，地處蘇魯豫皖四省接壤地區，被稱為「五省通衢」和「北國鎖鑰、南國門戶」，是交通與軍事要衝。現轄二市三縣五區，總面積 11258 平方公里、居江蘇省第二；戶籍人口 973 萬人、居江蘇全省第一。

這裡是兵家必爭之地，從西元前五七三年到一九四九年新中國成立，在徐州一帶發生的大規模戰事達四百餘起，其中兩起最為著名：楚漢相爭和淮海戰役。

　　這裡山川秀美，雖地處平原，卻有「三河七湖七十二山巒」；這裡歷史豐厚，遺跡眾多，僅二十餘座規模宏大的漢墓，就勾勒出了人文景觀的精彩華章；這裡鐘靈毓秀，不僅出劉邦、項羽、張良、蕭何、劉裕、朱溫、李煜等數十位帝王將相，更有張道陵、劉向、劉禹錫、劉知幾、陳師道、李可染等數百位菁英。他們一個個如御風之鶴，翩然在博大渾厚的冊頁中。

　　初到徐州的人，是會驚嘆連連的，是會感慨無限的。

　　這是一個大氣之地，乾隆六下江南四駐徐州，毛澤東比乾隆還多來了三次。謝靈運、白居易、韓愈、蘇東城、文天祥們，誰沒有在這裡留下過印跡？

　　歷史總是謎團重重，不知還有多少祕密隱藏在這塊土地上。而這裡還衍生出許多哲與辯的故事：

　　在此，秦始皇打撈過九鼎中最後一鼎，九鼎是立國重器。秦皇無所得，國也沒立住，且由徐州人建立了新朝；

　　這裡曾是漢王的「大本營」，可項羽又在這建起西楚的都城，留下意猶未盡的一筆；但誦出「大風歌」的劉邦卻生在這裡，最終成了「一朝天子」；吟出「一江春水向東流」的李煜也出自這裡，卻做了「千古詞帝」；

　　黃河曾在這裡咆哮，無數次將整座城市埋入地下，徐州人堅定不棄，信念再生，黃河竟然遠去了。

　　黃河故道，一河新水湧動著蒼茫；歷史煙雲，始終彈奏著急管繁弦。

　　陽剛的徐州，歷史上不是血就是火，始終有幾分詩意。

徐州除了粗獷陽剛之外，這裡同樣有水的洶湧與佳話。

徐州歷來就是治水重地。大禹為治水走遍天下，對各地的地形、水系瞭如指掌，並以此重新將天下劃為九個州。大禹治水還曾來過這裡。這說明，治水遠比所有與徐州有關的戰爭記載要早得多！

還有，這裡流傳著蘇東坡治水的一個個動人佳話，讓人們感受到了這座古城的舒緩悠揚、獨特的韻律。

徐州市地處古淮河的支流沂、沭、泗諸水的下游，以黃河故道為分水嶺，形成北部的沂、沭、泗水系和南部的濉、安河水系。境內河流縱橫交錯，湖沼、水庫星羅棋布，廢黃河斜穿東西，京杭大運河橫貫南北，東有沂、沭諸水及駱馬湖，西有夏興、大沙河及微山湖。

整治黃河故道

全市擁有大型水庫兩座，中型水庫五座，小型水庫八十四座，總庫容三點三一億立方米，還有眾多的橋、函、渠、閘等水利設施，初步形成了具有防洪、灌溉、航運、水產等多功能的河、湖、渠、庫相連的水網系統。

在南水北調東線江蘇境內十四個水質控制斷面中，徐州有六個斷面。

然而，徐州是江蘇的老工業基地，也是著名的煤炭基地。這裡曾是煙囪林立，煤灰飛揚，污水橫流。

使命在身，事不宜遲。徐州保證：堅決讓江蘇出省水質率先穩定達標！

說到做到，不放空炮。徐州市立即行動，多措並舉，重拳出擊，堅決打響治污攻堅戰。

曾幾何時，徐州市水泥粉塵排放量，竟然占到工業企業粉塵排放總量的95%以上，成為影響市區大氣環境質量的主要因素。

針對這一重症，徐州結合提升產業競爭力、調優工業結構，採取關閉、搬遷、限期治理等有力措施，強力推進水泥企業治理。

徐州引進「海螺」、「巨龍」等大水泥先進工藝項目，取代了 24 家小水泥企業。隨之而來的是，全市水泥生產能力由 1370 萬噸增加到 1700 餘萬噸，粉塵年排放量卻削減了 60% 以上。

嚴厲的環境整治中，徐州扶大關小，以關促治，淘汰落後造紙企業。

關閉了 162 座小煤窯、52 家小水泥廠、117 家小造紙廠，拆除市區 790 臺燃煤鍋爐，從市區遷出 140 家污染企業，全面完成了規模以上電廠脫硫工程。

對傳統產業大規模改造升級，新上坑口電廠、煤電鋁、煤電鹼等一批循環經濟項目。

同時，在新上項目上，徐州嚴格守住環保底線。

勇於探索的徐州人，在治理河道污染上又有了新道道。

二〇〇九年五月，奎河放水涵洞建成，實現了引黃濟奎——從故黃河向奎河放水，效率達每秒五至十立方米，而故黃河水的補給來自丁萬河，此舉促成了三條河的流動。

多頭管理，無疑是治污的一道「檻」。

二〇〇九年十一月二十二日。徐州。

一個平常的日子。徐州市水利局奎河管理處正式掛牌了。

這個管理處的成立，意味著結束了多年來奎河由五家單位和部門共同管理的局面，意味著互相推諉到專職責任的明確。

思路一變天地寬，責任一明面貌變。

果然不到幾年的整治，奎河兩岸就發生了翻天覆地的變化，昔日納污河變成了市區的景觀河，成為市民休閒、娛樂的好去處。

堅持不留隱患，努力保證南水北調涉水沿線的環境不受污染。這是徐州人的治污堅守。

徐州市銅山縣的大運河兩岸，碼頭星羅棋布，各種吊車高聳林立，它們像遠程的高炮，又似一座座堡壘，運輸的卡車等空排檔，川流不息，十分繁忙。一個小碼頭，一年下來至少能掙上個十幾萬元，多的則可以掙到幾十萬，甚至一年賺上百萬元的小老闆也大有人在。

這些小碼頭，還是附近村民們發財致富的重要來源渠道。

可大運河邊的這些小碼頭，也是污染運河水質的源頭之一。這些小碼頭大

徐州煤炭運輸碼頭

多裝卸不規範，甚至有許多作業和生活垃圾拋入河中，很容易產生水質污染。

面對治污的大局，徐州痛下決心開展小碼頭整治，堅決關閉大運河沿線120多座小碼頭，並投入近兩億元，重新興建一座億噸大港碼頭。

自從二〇〇七年以來，徐州共否決不符合國家環保標準的項目125個。

實施「藍天碧水」工程。淘汰所有麥草制漿造紙生產線，全市造紙企業從138家銳減到12家。

水環境的綜合整治，污水處理能力提高了，水環境質量持續得到改善。徐州全市污水處理廠由二〇〇六年的9座增加到33座，日處理能力從45萬噸提高到105.5萬噸，市區生活污水處理率由不足50%提高達到87.23%。市區截污管網從不足百米增加到1100公里，實現主城區全覆蓋。涉水企業基本做到

了設施完善、達標排放。

謀求環保與發展雙贏之路，是徐州人治理水環境污染的一條智慧之舉。

位於新沂市的江蘇花廳酒業有限公司，是江蘇省最大、全國第四大的酒精生產基地，年產十五萬噸。根據工藝，每天至少需要處理近四千噸酒糟廢液。然而，現在的廠區內已看不到大量污水排放，高聳的煙囪也未有濃黑的煙霧。公司副總經理馬繼飛頗為自豪地說：「通過治污，我們已經變廢為寶了！」

花廳酒業曾因污染問題，被國家環保總局曝光。徐州市開展環境污染整治之後，公司痛下決心，花二千多萬元購進環保設備。通過技術改造之後，公司實現了循環生產，不但再沒有接到有關污染環境的舉報，每年還能創造一千多萬元的經濟效益。這下，花廳酒業發現真的值了！

花廳酒業的嬗變，僅是徐州謀求環保與發展雙贏之路的縮影。

過去，都說徐州是「煤都」，黑和灰曾經是遮蔽城市的主色調，粉塵也大。民間有個順口溜：「進了徐州城，先喝二兩土」。這幾年，徐州城變了，實現了從「黑能源」到「綠能源」的華麗轉身。

當你有機會登上賈汪區青山泉鎮雞鳴山南麓時，漫山遍野的太陽能電池板，彷彿向日葵一樣，追隨著陽光的角度緩緩地轉動，安靜地吸收大自然的無窮能量。這座二十兆瓦的太陽能發電站，就是徐州中能硅業科技發展有限公司經營的。

自二〇〇七年九月投運以來，「中能」憑藉著技術和產業轉型升級，「轉」出好幾個第一：

一是產能為亞洲第一的多晶硅生產廠家；

二是環保第一，實現了尾氣回收即四氯化硅循環利用，達到零排放；

三是生產成本國內最低；

四是能耗最低，跟國際水平持平。目前，徐州太陽能光伏產業已成功奔向「世界級」。

這就是徐州經濟轉型走出的環保經濟之路。

二〇〇八年十月二十五日。

邳州市張樓鎮中運河畔，彩旗招展，機器轟鳴。

南水北調東線徐州市截污導流工程開工儀式在這裡舉行。

強化水污染防治

　　這一工程的開工建設，是南水北調東線江蘇「清水廊道」的關鍵性工程，是保護南水北調水質的重要屏障，標誌著江蘇省東線截污導流工程的全面開工建設。

　　這項工程，總投資為 7.2 億元，設計尾水規模為日 41 萬噸。

　　對徐州而言，實施截污導流，是一舉多得的好事。

美麗徐州

　　過去，由於大運河水質不達標，徐州市的自來水大運河取水口建成後，一直未能啟用，只能以微山湖水作為飲用水源。實施截污導流工程後，使徐州市飲用水既可以從微山湖取水，又能大運河取水。

　　以前，在駱馬湖以北、大運河下游段，經常遭受澇漬災害，翻水費用居高不下。截污導流工程的建設，特別是沂河涵洞的興建和湖東自排河的擴建，從根本上解決上述兩地區的澇漬災害問題，緩解排澇壓力，減少了長年翻水的費

用，農業生產生活條件明顯改善。

導流河道長度 172 公里，加上支河，調蓄能力可達 1767 萬立方米，相當於一個帶狀水庫，將尾水調蓄利用，只有多餘時，才會向東排入大海。每年農灌期，尾水全部用於灌溉，這就有效降低了農灌成本。

可見，截污導流工程，既是南水北調工程建設的需要，也是解決徐州市用水的需要，更是徐州市經濟社會發展的需要。

徐州整治水環境污染不僅是動真格的，而且是全方位的。

對於南水北調沿線的河岸、湖岸，徐州市還一律建立了生態保護帶，調整水源一百米範圍內的種植業結構，按照每畝地每年補貼八百元的標準，首次與農民簽訂十五年的補償協議，並一次性發放給種植的農民。這樣就有效保護了沿線的水源。

從二〇一二年三月一日起，徐州市還實施了一項更加紮實的保障措施。即：

實行水環境資源污染損害補償機制，全力打造南水北調清水廊道。這是東線第一個推行水質達標區域補償的地級市。

這一方案，以「污染者付費、損害者補償」為原則。

京杭運河徐州段、房亭河、復新河、沛沿河、徐沙河和奎河等，均被作為考核河流。

南水北調沿線、淮河流域八個國控、省控斷面等，均作為補償考核斷面。

按照水污染防治的不同要求，明確補償金分為四個等次。即：三十萬元、五十萬元、一百萬元和二百萬元。

所繳納補償資金，則專項用於：區域水污染治理、生態修復和水環境監測能力建設。

對於未按期繳納補償金的，按天加收滯納金，並在年度科學發展綜合考核中，實行環保「一票否決」。

二〇一二年，徐州共完成二十八家鎮級污水處理廠及配套管網建設，進一步提高污水收集率。

新沂市尾水導流工程與豐沛截污導流工程均已投入使用。

連續多年的水環境綜合整治，徐州共投資了二十億元，使得全市的水污染排放總量逐年下降。

現在，整個徐州的水環境大為改善。

農村再現了水清、岸綠、潔淨的田園景象；城市藍天白雲，空氣清新，景觀處處。

春意盎然的四月，當我們驅車穿行在徐州市中心的雲龍湖畔，長堤、綠地、垂柳，一派盎然，無論是近觀，還是遠眺，碧波萬頃的湖水總是那麼地清澈，透露著靈性。

女作家梅潔不住驚嘆道：「這哪是蘇魯邊界的城市？這簡直就是美景如畫的江南！」

徐州的「藍天」數量也逐年增加。一份來自環保部門的數據顯示，「十一五」期間，徐州連續五年擁有「藍天」數超過三百天，且每年都在不斷遞增。而在二〇〇五年之前，徐州藍天數量還沒有超過三百天的記錄。

水清了，岸綠了，天藍了，景美了。這就是當下的彭城。如果是第一次到徐州，還以為是誤入了美麗的「江南」。

鳳凰涅槃的山東　04章

山東古為齊魯之地，西有梁山聳立，東有嶗山之秀，中有象徵中華的泰山之雄和沂山之靈。象徵中華民族的母親河──黃河，在這裡入海。

山東歷史上名人薈萃，文化源遠流長。山東人的典型性格之一，就是具有強烈的道義感和責任感。

南水北調對於山東來說，既是承擔建設與治污的責任，同時也是首先受益的北方省分。

然而，嚴峻的現實是，本來按期通水的工程卻卡住了。

山東怎麼辦？要知道，此時山東上下的一舉一動，都會牽動全中國的神經。

# 治污，就是「戰爭」

什麼是戰爭？戰爭，就是要敢打敢拚，就是勇於犧牲，就是要敢於跳出「雷區」，勇於搶占制高點，就是要智勇雙全。

山東人勇於打仗，治污也是如此。

十年前的山東，其經濟總量一直位居全國的第二位。山東全省的工業化程度較高，工業產值比重較大，要想保證南水北調的水質達標，管住調水沿線工業企業的污水排放，是其中極為關鍵性的一招。

然而，山東是造紙大省，紙業在山東有重要地位。造紙業是山東南水北調流域內的排污第一大戶，排污量占工業排污總量的百分之七十。如何才能管住

這個「血盆大口」？

看來，只有對造紙業「動刀子」，做手術，提高「門檻」，才能讓其脫胎換骨。

山東治污有「三大法寶」。即：治、用、保。其中，治污，是第一位，且絕不手軟！

這裡，我不能不先說說現任山東省環境保護廳廳長張波這個人物。

二○○○年六月二十三日，美麗的海濱城市青島，一個溫馨的初夏夜。

深夜十一點左右，正在睡夢中的張波，突然被一陣急促的電話鈴聲驚醒，他拿起電話，只聽對方說：「喂，你是張波嗎？」

「是的，您是誰？」

「我是省委組織部的，省委研究決定，調你到省環保局擔任副局長，你有意見嗎？」

此時，張波腦海中迅速閃出一個念頭：「此人會不會是個騙子？」但他很快就打消了這個念頭，因為對方領導的聲音十分沉穩而莊重。他問：「省委決定了嗎？」

「是的。」

「那好，既然省委決定了，我是黨員，那我堅決服從組織的決定。」

當年，山東經濟社會就處於高速發展期，但水源非常緊張，甚至像煙臺的門樓水庫都乾涸了，不得不水庫底下打井。

對於中央搞南水北調，山東省的態度最積極，熱情最高，山東省向中央打

水污染致網箱魚死亡

報告，堅決要求南水北調東線走山東。

南水北調東線山東段治污還究竟有沒有路可走？

張波的決心與策略是：一條河一條河的治理，一個流域一個流域的治理。他心中開始有一個夢想：有河就有水，有水就有魚，要讓老百姓記憶中的美好景象回到現實中來。

要讓環境好轉，就必須在治污手段上出新招：取消行業排污特權！

促使張波痛下決心提高排污標準的，還有這樣一件事。

那是二〇〇〇年十月的一天，荷澤市萬福河段發生了一起嚴重的污染事件。

污水排到下游的濟寧，重創了漁業養殖，好多漁民的魚都被毒死了，最嚴重的一戶竟然損失八萬多元，而這一戶漁民的養殖投入，全都是東拼西湊借來的。

濟寧、荷澤地區是歷史水泊梁山故事的發生地，民風強悍。南四湖上游排污污染下游的事，也已不是這一次了。深受其害的下游群眾，早已義憤填膺，更何況這次又特別嚴重。於是，他們紛紛拿起農具，準備前去「討說法」。

接到舉報之後，張波迅速率領環保執法人員趕到現場。哪想到，一到現場，一位老大爺就給張波磕頭，認為是「青天老爺」，一定會為他「作主」的。

看到污染的慘狀，面對眾多百姓渴望的眼神，年輕的張波火冒三丈，嫉惡如仇。他扶起老大爺，眼裡噙著淚水對現場群眾說：「請父老鄉親們放心，我雖然剛到省環保局，但一定會給大家一個交代！」

張波在穩定了現場的群眾情緒後，馬不停蹄趕回省城濟南，他在路上暗暗下了決心：堅決要關閉上游的污染企業！

哪知道，張波剛回到省環保局，那個污染造紙企業所在地的成武縣縣委書記就來了。原來，他跟隨著張波而來的。

他與張波一見面，第一句話就「懺悔」：「張局長，我們有罪啊！給下游百姓帶來了災難！」

然而，他話鋒一轉，也眼噙淚花訴苦起來：「成武六十萬人口，全縣一年的財政收入才九千多萬元，而這個污染的造紙廠一家，就為縣裡提供稅收三千多萬元，占全縣財政的三分之一。如果將這個企業關閉了，不僅上千名的工人生活無著落，還有全縣的教師、警察等公職人員的工資都無法發放。我們不是不治理，而是沒有更多的科技手段，更主要的是，治污就會造成企業的虧損……」

污水處理系統

經過多年的努力，山東南水北調沿線治污雖有了極大進展，水質也有明顯改善，但山東結構性減排，壓力仍然很大。

「十一五」期間，山東調水沿線九市結構減排僅占減排總量的 16%。此時，沿線還有造紙企業 40 多家，化工及涉重金屬污染企業 260 多家。

對於南四湖這樣的治污現狀，二○○八年，一位白髮蒼蒼的專家曾經對山東省環保廳廳長張波說：「南四湖要達到三類水標準，打死我都不相信。」

因為南四湖周圍有 53 條像蜘蛛網一樣的河流注入，幾乎全是超五類水。這些河流，分屬於山東、河北、安徽、江蘇四省。

上世紀七○年代以來，工業廢水、生活廢水、醫療廢水、船舶廢水，都源源不斷流入南四湖。53 條河流沿河的排污企業達到 4000 多家，每天 54 萬噸工業廢水、14 萬噸生活污水，間接或直接排入南四湖。幾年之間，16.5 萬畝的水面被嚴重污染，日入湖有害物質達到 218.2 噸……

那時，有人甚至認為南四湖治污是「天下治污第一難」。

顯然，南四湖治污之難，是多種因素交織疊加的結果。

其一，南四湖地區人口密度大。每平方公里有八百多人，產生的生產生活廢水量也因此較大。

其二，流域內經濟結構嚴重不合理。當地煤化工、石油化工、造紙、紡織、釀造、澱粉、味精之類的行業較多。以魯西南為例，造紙行業是當地工業污染的第一大戶。二○○○年，僅造紙行業排的污染物總量就占當地總量的 80%，一家造紙廠污染一條河的現象比比皆是。其時，幾乎每個縣都有好幾家造紙廠。最多的時候，山東省僅麥草制漿紙廠就有 720 多家。

但是，由於這些企業大多是在經濟欠發達的地區，既是稅收大戶，又解決

了大量的就業。發展心情迫切的地區，對這些企業往往並不排斥。

早在二○○二年，在山東流行一種說法，對於有些欠發達的縣，一個造紙廠上交的地方稅收，可能就是當地三分之一的財政收入。因此有人說，如果造紙行業垮掉，後果將非常嚴重。

其三，南四湖沒有入海通道。流域內產生的廢水，或者經過治理的中水，拐彎抹角都進了南四湖。按照不同的降水概率計算，南四湖流域匯到南四湖的水，是調水量的二到八倍。基於此，山東省環保廳廳長張波表示：「不管從江蘇調過來的水是幾類水，和當地的水一混，要想再確保三類水，談何容易？」

其四，自然淨化能力比較差。南四湖地區屬缺水地區，降水量年均七百毫米左右，自然淨化能力比較差。

還有，幾十年來，南四湖地區不少地方組織百姓「造田」種莊稼，人進湖退，破壞了天然的濕地系統，使得湖水的自然淨化能力進一步降低。

懷疑情有可原，治污刻不容緩。

特別需要說明的是，南四湖就像一個鍋底，地勢比較低，所有污水都匯到那裡，旁邊的城郭河、大閘河，污染都很嚴重。上世紀九○年代，COD 曾經高達每升二千毫克。

那些年來，還發生過幾起水污染事件。比如，二○○三年全國兩會期間，位於棗莊境內的新薛河，氨氮含量一度高達每升五千毫克，測量儀都測「爆」了。水流至徐州，當地水源受到了污染。徐州和山東打起了官司，此事最終通過協調才解決。

「不能再讓南四湖呻吟！」

山東省痛定思痛，決心堅決打贏整治流域污染的硬仗。

1998 年南四湖上捕魚

進行流域水污染整治，涉水企業首當其衝。

近八年來，僅濟寧市取締薯類加工和小澱粉企業 320 家，關閉小蒜干加工企業 137 家、酒精生產線七條，淘汰造紙廠麥草制漿生產線 14 條，否決新上污染項目 223 個。

二〇〇七年，濟寧還打破行業限制，率先在四個行業提出「零排放」的要求。這四個行業是：在廢紙商品漿造紙、煤炭、火力發電和機械加工。

對部分排污量大、影響斷面水質的重點污染企業，逐一落實停產治理、限制生產能力、關閉生產線等強制性措施。

最後剩下的五條麥草制漿生產線，COD 雖然達標排放，但污染負荷仍較重。於是，二〇一〇年上半年，這最後五條生產線也被關閉。

高標準嚴要求之下，各級政府顯示出壯士斷腕的勇氣，湖泊所處的微山縣首當其衝。曾是微山縣第二利稅大戶的微山湖煤電公司，二〇〇七年實施了全國小火電的第一爆。微山縣有關負責人說，關停企業對縣財政的影響，是顯而易見的，縣城部分居民的冬季取暖也需要調整，但為了湖區生態，縣裡下決心實施了第一爆。由此，微山縣拉開了取締微山湖周邊污染源的大幕，並對此後有污染風險的項目全部拒之門外。

微山湖煤電公司小火電爆破之後，煉鋼生產線、水泥廠、造紙廠、化肥廠等八家支柱企業先後被拆除，「十一五」以來，微山縣先後取締淘汰落後產能企業三十八家。

識時務者為俊傑。

多管其下，齊頭並進。山東治污的力度前所未有，治污的成效斐然。

如今，保護水環境已成為濟寧人的自覺行動。泗水縣是山東省扶貧開發工作重點縣，境內的造紙企業華金集團，每年上繳稅收占全縣財政收入 1/3。

該集團副總經理孔繁波說，為了保護水環境，為了南水北調，我們企業不惜關閉落後產能，投入巨資治污。二〇一〇年六月，華金關閉年產 8.9 萬噸的麥草制漿生產線，並投入 6000 萬元改造設備，廢水排放量從原先的 4.5 萬噸降至 2.5 萬噸。

山東省在全國率先建成了覆蓋全省的監控網絡，監控的範圍包括：

重點工業污染源；

污水處理廠；

河流斷面及重點水源地；

空氣監測點的自動監測系統。

山東所有產生污染的企業，均被環保系統安裝上了電子閘門，實現了對企業污水處理過程的遠程監控和報警，環保監管人員只要用手機給遠程電子控制閘門發條短信息，就可以讓排污閘門開啟或關閉。這樣，通過智能電子閘門和 IC 卡刷卡排污的結合，實現對企業排污的總量控制，提高了環保監管水平和效率。

其中在調水沿線，就安裝在線監測設備 1400 多臺（套），並實現了省、市、縣三級聯網。

在山東的聊城的高唐泉林紙業和荷澤的泉潤紙業，我見識了 GSM 智能電子閘門的妙用與神奇。

濟寧也是如此，在全市 120 多家涉水企業中，先後安裝了 148 臺水質在線自動監測設備，實行 24 小時監控，哪家企業偷排偷放、超標排放，都逃不過環保部門的眼睛！

「十一五」以來，僅濟寧就相繼投入 116.2 億元防治水污染，二〇一〇年再次投資 44.2 億元治污。

「十一五」時期，山東沿線有 320 多家工業企業已達國標排放。可為了一泓清水，山東又投資近 50 億元，實施了廢水治理「再提高」工程，沿線工業企業的達標排放率提高到 97%。

縱觀山東南水北調沿線：從二〇〇二年只有 21 座污水處理廠到現在的 72 座；從日處理能力僅 80 萬噸提高到現在的 316 萬噸；從城市污水集中處理率不足 22% 到現在的 86%；增污水管網 2300 多公里，新建垃圾無害化處理場 39 座，新增垃圾無害化日處理能力近萬噸。

動作之大，力度之強，不能不令人折服。

在山東段沿線各市，為提高再生水回用率，利用季節性河道和閒置窪地，因地制宜地建設中水截蓄導用工程，不少工業企業、污水處理廠也建設了再生水回用設施。到二〇一〇年，調水沿線日再生水利用能力達到 81 萬噸，年實際回用量 1.3 億多噸，分別是二〇〇六年的九倍和七倍。

堅決淘汰落後產能，嚴格環境准入。

無論是棗莊市實施的中國水泥生產線「第一爆」（一次性爆破九條年產十萬噸立窯生產線），還是濟寧市關閉了全部麥草造紙和酒精生產線，或是泰安市終結「中國粉條第一鄉」的榮譽（東平縣舊縣鄉有四十多年小澱粉加工歷史），都是山東確保「清水北上」的真實寫照。

「十一五」以來，山東省南水北調沿線共淘汰落後產能近七千萬噸。

截至二〇一二年三月，東線山東段控制單元治污方案確定的 324 個治污項目，已建成 321 個，完成率為 99%；按照國家確定的考核指標評價，南水北調輸水乾線上的九個測點已基本達到地表水三類標準，匯入幹線的 20 個支流測點，已有 14 個達到目標要求，調水沿線水環境質量持續改善。

山東嚴控高排放高污染行業發展，對不符合環保、節能條件的項目，一律不予審批。

投資五十多億元，實施廢水治理再提高工程，沿線工業企業達標排放率超過 97%。山東沿線九市共拒批和緩批高耗能、高污染企業 510 多家，涉及投資近二百億元。

濟寧治污還使出了「殺手鐧」，就是環保部門與金融機構聯手治理。

最嚴厲的處罰要算區域限批。濟寧市下屬有兩個縣排污總量指標沒完成階段目標，濟寧市環保局遂對兩縣實施涉水項目區域限批。二〇一〇年以來，在

濟寧市環保局審批的二九六個涉水項目中，有十七項因環保問題被否決。

濟寧市環保局還與濟寧人民銀行建立了環境信息共享制度。哪家企業環保做得好，可優先貸款；哪家企業上了「黑名單」，放貸時一票否決，凍結貸款。

建立健全目標責任制，治污任務層層分解。

山東省細化南水北調治污任務，層層分解到了縣（市、區）和重點排污企業，強化考核監督。濟寧、臨沂、棗莊、德州、聊城、菏澤等市，主要負責同志親自掛帥，擔任治污工作領導小組組長，層層簽訂責任書，嚴格落實責任制。

濟寧的七十四家重點控制的水污染企業，全部被相關部門領導班子成員包保負責。如果發現超標排污行為，除了對包保人問責外，還要對企業停產治理、掛牌督辦、經濟處罰等。二〇一〇年以來，全市已有二十九名幹部因環保問題被問責，十多家企業被查處。

這幾年來，山東查處違法排污行為，不再僅僅是罰款批評，而是加大了刑事違法的查處力度。

二〇〇七年六月，山東省在整治違法排污企業專項行動中發現，齊魯排海管線嚴重超標排污並長期責任不清，山東省政府對負有責任的臨淄區等實施了「區域限批」，責令限期整改。

在「區域限批」的嚴峻形勢下，臨淄區豈敢懈怠？迅速開展了「拉網式」環境綜合整治行動，全年關停小化工企業1167家，查處24名環境違法分子，依法對其實施行政或刑事拘留，刑事立案三起。

臨淄區梧臺鎮辛興村王姓居民，在未辦理任何手續的情況下，將一塊場地承包給他人儲存廢油渣和污油泥，齊某則先後運來三千噸廢油渣，儲存在王某的該場地內，造成嚴重環境污染。

王某因涉嫌重大環境污染事故犯罪，經臨淄區人民檢察院批准，被依法逮捕；另外三名人員也因涉嫌重大環境污染事故罪，被立案偵查。

還有，朱某未經國土部門批准，非法占用農用地建設辦公用房、儲油罐，挖污油池及硬化地面等，造成23.7畝農田基本無法耕種，並向其公司非法占用的土地排放有毒有害物質，廢水和土壤中所含揮發酚分別超過標準值7240倍和308倍。

張某在臨淄區皇城鎮大馬岱村東經營防水油膏廠，大量生產廢水未經處理，直接排放到加溫罐南側的無防滲土坑裡，具有毒害性。

變廢為寶

　　經環保部門查實後，朱某與張某兩人均已被公安機關依法刑事拘留，追究刑事責任。

　　這種打擊污染環境的高壓態勢，有效遏制了環境污染事件的發生。

　　如今，走進兗州的太陽紙業，你會欣賞到這樣的情景：

　　野鴨在水面嬉戲，鷺鳥在葦叢佇立，魚兒在水中游弋……這樣一幅自然和諧的生態圖景，很難讓人相信，它是在一家造紙企業的污水處理區出現的，但

它卻是真實的一幕。

前面我們已經提到，因為太陽紙業二〇一〇年的非法排污事件，受到社會的強烈關注，促進了太陽紙業的反思，讓太陽紙業「痛定思痛」！

而時過兩年之後，作為山東省三大造紙企業之一的太陽紙業，已經把環保上升為一種發展戰略，上升為了一種企業文化。

「只有天空變得更藍，天地才會變得更寬。」太陽紙業副總經理李繼飛說，由於企業地處南水北調工程前沿，必須用最嚴苛的標準來要求自己，「這不僅關係到企業的發展，更是企業應該承擔的社會責任。」

山東人認識到：環境是最稀缺的資源，生態是最寶貴的財富。

山東人更明白：不管多大犧牲，也要把污染治好。

責任就是使命，責任就需要勇於抉擇！責任更需要勇於承擔！


# 污水變清流的妙用


五月的齊魯大地，湖光山色，原野蔥綠，景色壯美如畫，無論是乘坐高鐵動車，還是徒步走進廣袤的田野，人們在欣賞著醉人綠色的同時，還會看到大片大片的碧波蕩漾的水面，大有大河流淌小河溢的意境，這是多年未見的水鄉情景。

看到如此景色，你無論如何也不會相信，山東是個缺水的北方大省。

讓人不解的是，隨著經濟的調整增長，隨著城鎮化速度的加快，山東憑什

麼能做到用水總量不增反而下降？這一泓泓的清水是哪裡的？

這不能不歸功於南水北調治污之效。

「治用保」，是山東流域治污的「三字經」，也是「三大法寶」。其治污的第二大「法寶」，就是回用治污的中水。

一條條河流的「重生」，一個個地方用水緊張的狀況得到緩解，也正是受益於此。

張波告訴我：「『治用保』流域治污體系和發達國家治理模式相比，多出了一『用』一『保』的內容，實際上是一減一增：減的是污染負荷，增的是環境承載力，這有效緩解了發展中地區的治污壓力，使發展中地區在經濟總量還

污水處理「花仙子」

不太大的情況下，也可以基本解決流域環境問題。」

水資源是極為珍貴的資源。按照國務院南水北調的「三先三後」原則，第一條的就是堅持「先節水後調水」原則。

然而，長期以來，人們缺少這樣的節水意識。

二〇〇二年之後，經濟的加速發展，城市化進程的加快，山東省用水的緊張狀況越來越嚴重。

那麼，除了提高企業排污的標準，如何限制高能耗、高耗水的行業？如何呼喚人們的節水意識？如何促進使用企業治污達標後的中水？這裡面有著許多的文章要做。

如何節水？經濟槓桿是必要的調節手段。

為推動節水、確保中水回用，山東省政府印發了《關於提高污水處理費徵收標準促進城市污水處理市場化的通知》，明確要求提高污水處理收費標準，運用價格槓桿，啟動市場機制。這就為加快污水處理廠建設步伐，起到了重要的推進作用。

不久，在山東南水北調沿線黃河以南段的各市和縣城，均已按〇點八元／噸的最低標準，開徵城市污水處理費，其中淄博、棗莊、濟寧、泰安、萊蕪、臨沂、菏澤等七市，均已提高到平均一元／噸的水平，為市場化運作奠定了基礎。

省政府還印發了《山東省城市污水處理費徵收使用管理辦法》，對污水處理費徵收、使用和管理等各環節，進一步予以規範，鼓勵各地多元化投融資，有效加快了城市污水處理廠建設。

山東還建立了污水處理督察制度，統籌污水處理廠建設、運行，月月通

報，對不按期完成污水處理廠建設，或是不正常運營、排放不達標的，嚴肅追究有關單位責任人的責任。

目前，在南水北調東線黃河以南段沿線，山東所有縣（市、區）均已建成一座或一座以上污水處理廠。

我在荷澤市的龍固鎮看到，就連這樣相對欠發達的地區鄉鎮，也建起了污水處理廠。

建設污水處理廠，收取排污費，限制了高耗水的行業，警示著高耗水的企業必須節水。

山東污染治理是全過程，是嚴格的，不僅體現了理念的轉變，更顯示出科技創新的魅力。

在人們傳統的印象中，造紙企業是污染大戶，但在山東聊城的高唐泉林紙業集團，卻無一滴污水排出。

草漿順著一根粗大的管道，進入兩層樓高的蒸煮機，經過一番蒸煮、沉澱、氧化、分離，黑液被輸送到另一個車間，製成有機肥，清水被循環利用。

回想當年，從一九九六年至二〇〇二年間，山東省先後關停了四七二條兩萬噸以下的草漿生產線。泉林，自然也未能倖免。二〇〇〇年，泉林紙業五萬噸的生產線被限產一萬噸，隨後進入關停名單。

南水北調工程開工後，泉林的命運更是「危在旦夕」。

面臨企業的生死抉擇，是束手待斃？還是發展木漿？

資料顯示，中國是一個森林資源匱乏的國家，大量採用木漿造紙只能依靠進口。到二〇〇九年，木漿進口量已達總木漿用量的百分之七十三。對木漿進

口依存度過高，導致生產成本不斷提高。同時，傳統的草漿造紙因紙漿質量不高，大量排污問題難解決，規模逐漸萎縮。進口的木漿價最高達一千美元／噸，而草漿則不到三千元／噸，成本差距非常大。

權衡利弊，泉林咬緊牙關，選擇了搞草漿造紙的研發。他們與中國製漿造紙研究院、南京林業大學等科研院校合作，成立了技術攻關小組。二〇〇三年，泉林的「非木纖維置換蒸煮」新工藝研發成功。該工藝比傳統工藝節能20%左右，黑液提取率高達92%，易於後續處理。

草漿造紙的治污技術，在業內形象地被稱之為「水變油」，難度可想而知。

泉林這一技術性突破，摘掉了草漿造紙高污染、高能耗的帽子。

截至二〇一二年底，泉林共研究開發了167項專利技術，企業科研隊伍已擴大到130多人的團隊，終於突破草漿造紙的瓶頸。

泉林的自主創新，為造紙業找到了可持續發展之路。

中國森林資源匱乏，造紙業大量砍伐森林資源方式不可取，且進口紙漿價格昂貴。但中國是農業大國，小麥、水稻、棉花和玉米等秸稈，年產量約4.9億噸，是傳統用於制漿造紙的原料。草漿對木漿的替代，將會有效扭轉我國造紙業對木漿進口的依存度。

在泉林紙業總排水口的生物指示池內，不僅有人工放養的魚群，還有野生的草魚、鯽魚，成群的魚兒來回穿梭，人工濕地和外排水的流經地，水體均清澈透明，水生植物生長茂盛，多種水鳥和野生魚類在這裡棲息繁衍。

泉林紙業負責生產的賈明昊自豪地向我介紹說：「我們公司的污水治理，通過物化、復合化學反應曝氣、厭氧、好氧、深度脫色、濕地淨化，共有六道

魚兒穿梭

工序緊密連接，使 COD 濃度逐級下降，由進水口的每升二千六百毫克，一路降至總排口的每升四十毫克以下。實際上，我們的已經降至到了每升二十五毫克以下。」

二〇一一年六月十七日，國家環保部周生賢部長親自帶調研組到泉林紙業視察污水處理方式，來之前派了多路人暗訪。視察當天，又突然改變原定線路，殺個措手不及。

當時，聊城市領導有些擔心，泉林的答覆卻是：「不怕領導來看，就怕領導不看。」

解決了污染難題，草漿造紙的好處就顯露無疑。高唐縣三十里鋪鎮杜莊村村民杜文國喜滋滋地說，他家有五六畝地的小麥秸稈，賣給泉林紙業後，賺了

五百多元錢。「換回的錢，能買二畝地上的化肥。」

二〇一一年七月十一日，國家環保部突破原來的產業政策禁區，破例批覆了泉林紙業年處理一五〇萬噸秸稈綜合利用項目。

如今的泉林紙業成功突破草漿造紙禁區的防線，開始在全國範圍內「跑馬圈地」。

令人驚喜的還有，原來製造一噸紙漿需耗水 300 立方米，現在只需要耗水 20.4 立方米，比國標低 60 立方米。而處理後廢水 40% 以上中水回用於生產。外排水的各項關鍵指標，不僅優於企業現行的山東省地方標準，還優於美國、歐盟等發達國家木漿造紙的環保標準。

菏澤市絕大部分地區屬於淮河流域的南四湖水系，全市產生的工業廢水和生活污水很多，但最終需通過洙趙新河、東魚河和萬福河流入南四湖。

菏澤始終把水污染防治工作放在戰略位置，在環保投入上捨得花本錢，捨得投資金；在新上投資項目時，優先考慮環境影響；在增加公共財政支出時，優先增加環保開支；在建設公共設施時，優先安排環保設施。

全市列入國家「十二五」重點的治污項目共 116 個。菏澤在完成「規定動作」的同時，還開展了一系列「自選動作」，共籌劃建設了 16 大類 434 個水污染治理項目，總投資 30.48 億元。荷澤人的信念是：確保不讓一滴超標污水流出菏澤。

菏澤投資 1.8 億元，對九座城市污水處理廠全面進行了升級改造，使其都穩定達到了一級 A 標準。全市 47 條河流（段）全部實施污水截流，新建 16 座污水提升泵站，日新增污水處理能力 10 萬噸。全市 106 家市控以上水污染企業，外排廢水達標率明顯提高。許多昔日的臭水溝變得碧波蕩漾。

再生水循環利用，是菏澤治污的一大亮點。

菏澤全市的九座城市污水處理廠，日再生水回用量十三萬噸，回用率達到30%。

曹縣聖奧化工、牡丹區睿鷹化工、菏澤電廠等百餘家重點工業企業，均建設了再生水利用設施，年回用再生水 2726 萬噸，回用率 31%。

菏澤市的東魚河，是當地的主要河道之一，當地人現在叫它萬福河。南水北調之前，這條河上臭氣熏天，人都不敢靠近。

東魚河截污導流工程，是南水北調截污導流工程的一部分，是輸水幹線保證其水質的重要工程。

這個工程通過及時引入黃河水，連通趙王河進行水體的淨化、循環，而挖出的百萬立方米土方，在河北岸灘地築起了十米寬的平臺，保護了南外環路路基、涵養水源……

二〇一〇年十一月七日全部竣工後，綜合利用的功能迅速顯現：不僅保證了沿河工農業用水的急需，防洪抗旱能力提高了，還將攔蓄的中水用於沿線農田灌溉，其中改善農田灌溉面積六十二多萬畝。

如今的萬福河碧波蕩漾，兩岸綠草如茵，成為了菏澤名副其實的「城南玉帶」。

二〇一三年五月九日，在東魚河張街門撞攔河閘口，明媚的豔陽之下，許多愛好垂釣者興致盎然。年輕的垂釣者宋世圓告訴我，他在這裡已經垂釣近兩年了，提起他的魚簍，才下午三點半左右，他已經釣到了兩斤多的野生草魚。而年長的馬建國也已經釣了十幾條野生草魚，可謂悠然自得，其樂融融。

菏澤市環保局的楊勝民科長則對我說：「南水北調治污，讓沿線百姓都得

到了實惠。」

再生水循環利用，減少了廢水排放量，多方共贏。

濟寧市先後投資 4.29 億元建成七座再生水截蓄導用工程，攔蓄達標排放中水 5912 萬立方米，新增庫容 3860 萬立方米；實施污水處理廠再生水回用工程，形成中水回用能力 57.7 萬噸。

濟寧還鼓勵企業實施廢水深度處理和再生水回用。現在，濟寧的五十七家企業都配套建設了再生水回用裝備設施，處理後的廢水達到再利用標準。

兗州市污水處理廠，是南四湖流域水污染治理的重點項目。為確保污水處理穩定達標，保障南水北調水質，兗州市污水處理廠先後多次主動提標擴容改造，出水標準從國家二級排放標準逐步提升到一級 B 排放標準。

二〇一〇年，這個廠建設一級 A 升級改造和中水回用工程，採用活性砂濾池工藝，形成為兗礦國際焦化公司的水服務功能，即分別為其日供水萬噸中水和調水十萬噸。同時，建設中水資源化工程，將處理達標後的中水，作為景觀用水調入泗河，並在沿線為企業預留中水接口。

這樣實現了「污水不出廠、中水不出境」，通過企業回用、入河造景，實現了中水資源效益的最大化，形成了水資源治理回用大循環體系。

二〇一二年五月，在華電國際鄒縣發電廠，我們見到了中水回用的壯觀場面。進入發電廠主廠區，數個巨型高塔立在眼前，高塔底部水流如瀑，轟鳴陣陣。據介紹，這是用於冷卻水的涼水塔。二〇〇七年投資的這個中水回用工程，總額七千六百餘萬元，日處理能力近十萬噸。

此工程深度處理兩處污廢水：一是鄒城市污水處理廠中水；二是廠區內三、四期污廢水。這樣污廢水進行後，就作為兩臺 1000MW 機組的循環冷卻

生物質電廠運行

水使用。

　　近年來，華電還投資一千六百餘萬元，建設了一、二期污水處理系統，年回收污水五百餘萬噸，處理後的水全部補入循環冷卻水系統；投資二千七百餘萬元，建設了反滲透處理系統，其水源為一、二期循環水排污水，處理後直接作為全廠化學水處理進水，既節約了地下水資源，又減少了再生酸鹼消耗量，降耗和環保效果十分顯著。

這些年來，山東還運用市場機制，不斷加大投入力度，在全省建成城市污水處理廠二一〇座，總處理能力達一〇九〇萬噸／日。

其中值得推崇的還有，山東人憑「票」用水的創舉。

計劃經濟時代，商品短缺催生出了糧票、布票、油票。今天，這些票證早已無蹤影，山東卻冒出了「水票」。究竟是創新還是無奈？十分值得人們深思。

二〇一〇年十月，山東成為全國率先實行最嚴格水資源管理制度的省分。為促進用水方式轉變，山東還先後製定一系列的用水地方標準。如：

九大重點工業行業用水定額；

主要農作物灌溉用水定額；

飲用水生產企業產水率；

……

省裡通過核定各市、縣年度區域用水計劃控制指標，對列入考核的工業、服務業取用水戶，一律逐月下達用水調度計劃，其考核結果，作為核定其下一年度用水計劃的主要依據。

同時，按照「定額內講公平，超定額講效率」原則，確定基本水價，對超定額用水的，加價徵收或累進徵收水資源費。

這樣，用水就得憑「票」了。

截至二〇一三年五月，僅山東南水北調沿線，就建成二十一個再生水截蓄導用工程，年可消化中水兩億多立方米，有效改善灌溉面積達二百多萬畝。

二〇一一年和二〇一二年，山東省雖然社會經濟發展加快了，經濟總量大了，可全省用水總量反而減少兩億立方米，地下水位回升 0.24 米，其中濰坊回升 0.44 米。

作為一個嚴重缺水的省分，山東的經濟改變了以高耗水為代價的發展方式，迎來了一個不增反降的拐點。

南水北調東線治污，治來了一個節水的山東，一個豐水的山東，還原了一個山水秀美的齊魯大地。

# 斬斷「戈爾迪之結」

經過一系列的治理，山東水污染的主要矛盾發生了變化，農業污染和航運污染，成為南水北調東線揮之不去的陰影。

讓人揪心的是，從南四湖總磷和總氮的檢測值看，水質總是五類水。

尤其是南四湖流域，耕地種植面積大，是山東重要的種植業區域，農業污染控制難度相當大。這就成為南四湖水質達標的主要威脅，也將直接影響二〇一三年南水北調東線的調水水質。

煩惱的是，農業面源污染不好治，不像工業點源污染那樣，易於控制，農民用多少化肥、農藥，是無法強迫的。

二〇一二年二月一日，即農曆正月十一，張東就開始思量全年種地該買多少肥料了。按照魯西南的傳統，正月元宵節之後，當地農民才會開啟新一年的

南四湖湖內航道

農忙。

　　張東是山東南四湖流域泗河沿岸的一名農民，作為村裡的種植大戶，算上承包鄰里的近三十畝地，張東二〇一二年耕種的總面積在四十畝左右。

　　二〇一一年秋收後，張東種了二十四畝冬小麥，共投入七千多元購買肥料，其中包括一百斤裝的小麥專用肥料、復合肥各二十四袋。

　　張東說：「這還不是全部的，開春小麥澆水時，每畝地還會再施八十斤左

右的氮肥。」

隨著近年農產品價格的逐年提高，農民種地時對肥料早已不再吝惜。

在張東看來，肥料多了，農作物產量也會提高。實際情況卻是，農作物產量的提升幅度，遠低於肥料施用的增長速度。

二〇一一年秋收後，張東曾做過一次統計：當時，小麥平均畝產量在四百公斤左右，較二〇〇〇年前後每畝增產五十公斤，增長幅度在百分之十四左右。而在此期間，每畝小麥所需的肥料為一百至一五〇公斤，較之以前普遍翻番。

張東無論如何也不會想到，正是這些肥料、農藥等種地不可或缺的東西，如今卻成為泗河乃至其最終匯入南四湖的主要污染源。

中國南水北調網的測算數據顯示，南四湖流域每畝農田平均施用化肥一五〇公斤、農藥一至一點五公斤。每當湖水上漲，化肥、農藥就大量流失入湖，成為湖水一大污染源。

農業面源污染治理，是一個全球性的環保難題。從中國農業種植結構和生產方式來看，想短期內完全消除農業面源污染，還不太可能。但必須採取有效治理措施，把其對東線水質的污染減少到最低限度。

還有就是航運船舶的污染。

南水北調東線，是利用京杭大運河作為輸水河道，既是內河航運的「黃金水道」，又是南水北調的大動脈，大運河有了雙重身分，卻也產生了讓人撓頭的糾結。

一年到頭，棗莊臺兒莊大運河上，忙碌的船舶總是首尾相接，一艘很小的動力船，拖著長長的拖船隊，在水裡緩緩地移動。

根據棗莊市港航局的同仁介紹：在水上，一馬力可以拖二十噸，這就是「黃金水道」的魅力。水運噸公里的成本只有五分錢，火車要一毛二，汽車要兩毛五。

然而，船上人員的生活污水和垃圾，卻會被隨手扔進運河，造成污染。

這還不是污染的全部。更主要的是，船舶在航運過程中不僅會有油污，而且主要裝卸的貨物是煤炭、水泥等，裝卸時會產生粉塵污染。

水上垃圾的處理，同農業面源污染一樣，遭遇了難題。

比如說，棗莊市港航局要求，運行船舶要隨船攜帶垃圾、油水登記簿，並在運河沿線設立垃圾回收點，對垃圾上岸船舶開具接收證明，作為船閘的通行依據。同時，當地還建起了船舶垃圾回收站。

但問題是，如果船主交出一部分垃圾、扔掉大部分垃圾，如何監控？船舶交出垃圾後，需要後方處理，垃圾處理費該收多少？城市垃圾是由市政等部門運營的，航運產生的垃圾該由誰運營呢？

於是，山東下決心進行農業結構調整，建立河區、湖區與保護帶，基本隔斷了種養殖業對南四湖的污染。

為這，微山縣想盡了辦法。

早在二〇〇五年開始，微山縣就開始了測土平衡施肥技術，在全縣幾十萬個取土點取樣，測量出土地所需化肥量，再以發放施肥卡的方式告知每家每戶，通過這項措施，全縣一年減少了 5800 噸化肥施用量。

與二〇〇五年相比，二〇一〇年南四湖入湖河流 COD 濃度平均下降 45.5%，氨氮下降 89.3%。

但是，這還不夠。二〇一二年，微山又關閉南水北調沿線的 118 家畜禽養殖場。

與微山「強硬」手段不同的是，梁山縣則採取生物方式消化農業污染源。

梁山段工程全長 36.14 公里，是東線主幹渠進入東平湖前最關鍵的水質保障河段之一。梁山是山東畜禽養殖大縣，現有工業化養雞場、養牛廠、養豬場 200 餘家，全年產生的畜禽等養殖廢棄物達 57.5 萬噸。

由於處理能力弱，大多數禽畜糞便隨意堆放在田間地頭或溝渠邊。一下大雨，糞便就直接排入了河流，對環境造成嚴重污染，成為梁山地區水污染的主要因素。經過梁山縣的反覆實踐，這道難題已被逐步破解。一項綜合運用的系列生物技術，在梁山得到推廣，即對畜禽糞便、生活垃圾、污泥等進行無害化資源利用，從而有效控制了面源污染。

梁山有一個環農畜禽糞便垃圾污泥集中處理中心，他們與當地群眾簽訂畜禽糞便購銷合同，以每噸高出市場價十元左右，收購農民的畜禽糞便。

在完成畜禽糞便場區集中堆放後，通過高溫除臭、發酵等多道工序，每年生產出優質面源控製劑十萬噸。計算下來，每年直接處理畜禽糞便及農業生產廢棄物、生活垃圾四十萬立方米。當地種植戶、養殖戶和運輸戶通過收集和運輸各個環節，每年直接收益達五千萬元。

生態肥等系列生物產品，每噸價格為一千多元，比化肥低一半，產生的經濟效益卻十分可觀。僅「環農」大豆一項，畝產量就比常規種植方式增收 10%，收購價又比市場收購價格高出 20%，農民每畝可增收二百至三百元。

二〇〇九年至今，從採用「環農工程」生物技術產品，到大規模生產生物技術製劑，均在許多養殖戶得到迅速推廣。

變廢為寶，生物技術不僅促進養殖業、種植業走上了良性循環之路，也為農業面源污染防治開闢了一條新通道。

生態漁業，是山東淨化南四湖水質的又一招。

南四湖漁業養殖污染防控工作面大量廣，涉及濟寧市五個縣市區、十四餘萬漁民、二十八萬畝網箱網圍、五十二萬畝池塘，還有江蘇省徐州市和棗莊市的二萬漁民和二十多萬畝池塘、網箱、網圍。

從二〇一二年三月開始，山東打響了南四湖「網箱網圍」清理規範的第一仗，有關縣區、鄉鎮村幹部和漁政人員齊心協力，冒著炎熱酷暑，風裡來水裡去，克服重重困難，令行禁止，奮力拚搏。特別是微山縣率先行動，積極做好漁民群眾工作。

截至二〇一二年底，南四湖區共清理規範網箱 68637 畝、網圍 156200 畝，分別占到工作總量的 100%、99.5%。

同時，濟寧、棗莊市還與江蘇的徐州密切溝通，形成了工作合力。

各級財政等部門也從資金、配套、項目等方面給予積極幫助，開展標準化生態池塘改造。魚臺縣結合實施省裡支持的優質魚項目，投資二千餘萬元，完成 256 個連片池塘的標準化生態池塘改造，養殖水面四千畝。

濟寧還開展湖庫河漁業增殖放流活動。其中，南四湖人工增殖放流活動實施九年，微山縣累計投放各類優質苗種二千餘萬尾（只）。同時，堅持南四湖上下級湖各五萬畝的兩個常年禁漁區制度，取得了良好的生態效應和社會反響。

清水，離不開必要的補償。

早在二〇〇七年，山東省政府就確定，在南水北調黃河以南段及省轄淮河

微山湖生態養魚

流域和小清河流域，實施生態補償試點，對生態保護實施主體及受損主體支付一定的經濟補償，以促進節能減排，並保證南水北調水質。

二○○八年，則在山東重點流域全面推行這一「生態補償」機制，激勵和推動重點污染點源和面源治理。

二○一○年之後，山東不斷健全完善了這一環境激勵約束機制，加大了生態補償的力度。

為加強南水北調工程沿線區域的調水水質，山東省還在二○一三年年初出臺法規，將沿線區域劃分為三級保護區：

核心保護區。

重點保護區。

一般保護區。

對其實行分級保護制度，禁止使用農藥、化肥等農業投入。

快刀斬亂麻，連續的「組合拳」，讓南水北調山東段的水質明顯改變。

二〇一一年，流域內治理消除了劣五類水質，南四湖上級湖能夠達到三類或四類水質標準。

生態的改善，讓南四湖又回到了水清魚肥的狀態，讓絕跡多年的小銀魚、毛刀魚等魚類再現湖中。夏天，人們能看到一望無際的荷花塘和蘆葦蕩。


# 濕地，生態治污的奇蹟


對南四湖流域的治理，山東省的「人工濕地法」，很有耐人尋味之處。

在關停、淘汰落後產能的同時，山東積極尋求治污新路徑。被世人稱為「地球之腎」的濕地，進入了山東環保部門的視野。

濕地，是地球上具有多種功能的獨特生態系統，具有很強的自淨能力，利用濕地系統中的植物、基質、微生物、動物，利用眾多的環境因子，通過物理、化學、生物等方面的協同作用，對水中污染物進行降解、淨化，能實現對水質的淨化，改善水質和生態環境。

建設人工濕地生態系統，可以進一步截留和降解入河污染物質，改善入湖

水質和生態環境。

智慧來自實踐，科學來自實驗。

「保」，是山東生態治污的又一條秘訣。

微山湖的水面原來有 1266 平方公里。然而，在「以糧為綱」的年代，居住在湖邊的農民為了獲得耕地，一度在原始濕地上圍湖造田，將河流兩岸和湖灘區開發成農田，面積達 38 萬畝，微山湖水面因此縮減近 1/5。

但這些被破壞了的湖區濕地，一年只能收上一季，甚至是「望天收」，一有自然災害，就會絕收，因此老百姓叫它「賭地」。

微山湖流域沒有入海口，污染物要全部「就地消化」，過度農業開發對湖區自然生態破壞嚴重。據測算，每畝農田平均施用化肥 150 公斤，農藥 1 公斤到 1.5 公斤，每當湖水上漲時，化肥農藥大量流失入湖，成為湖水一大污染源。

新薛河是流入微山湖的五十三條河流之一。經過長時間的調研，張波決定在新薛河建立人工濕地，修復湖濱生態系統，通過發揮濕地的水質自淨能力，從根本上改善微山湖水質環境。

為了摸清濕地在水質淨化中的作用，在具體標準出臺前，省廳決定，在濟寧市污水處理廠建一個三十多畝的濕地，進行模擬性試驗。

人工濕地，對污染物的降解作用是非常明顯的。

但許多人並不理解山東環保部門的做法，因為，他們看不懂濕地的希望和用途，甚至連一些環保專家也感到非常渺茫。張波率領專家們堅信這個項目有前景，堅決實施了這個工程。

　　一開始，張波從省環保得到了部分資金，又受到濟寧市的一些經費支持，就開始了蘆竹栽培的試驗。這個蘆竹既有淨化水質的功能，又能作為造紙的原料，還能產生豐厚的經濟效益。一畝地蘆竹現在可能收益六百元。

　　既能涵養水源、淨化水質，又能為南水北調水質提供一道生態保障，豈不是一舉兩得？

　　剛開始，山東在南四湖新薛河入湖口建設人工濕地五千畝。以蘆竹、蘆葦、蒲草等為主構建挺水植物帶，以藕、茨實等構建浮葉植物帶，以金魚藻、苦草等構建沉水植物帶，形成挺水、浮葉、沉水植物立體搭配的優化配置，從

而建立起生物多樣性的濕地生態系統。

「化學需氧量去除率約 50%，氨氮去除率 60% 多……」當一個個試驗結果出來時，一條濕地生態淨化修復水質之路，一條與經濟發展、農民增收相結合之路，讓人們豁然開闊。

二〇〇八年八月，該工程竣工並通過驗收。新薛河入湖口人工濕地工程運行狀況良好，水體中主要污染物去除效果明顯，出水水質達到了地表水三類標準。示範區內：

植物種類比生態修復前增加 72%。

鳥類增加近百種。

可是，剛開始「退耕還濕」時，農民們根本看不到希望，怎麼辦？

那就給予農民們生態補償吧：

第一年，補償其收益的百分之百。

第二年，補償百分之六十。

第三年，補償百分之四十。

二〇〇九年，微山縣劉昌莊村農民孟凡合參加了「退耕還濕」工程，退還出自家在新薛河入湖口的耕地。他當年一畝耕地得到政府補償五百元，二〇一〇年補償為四百元，二〇一一年為三百元。

在政府的引導下，孟凡合和其他農民在原來的耕地上種植了荷花、蘆竹、蒲草、芡實等濕地作物。

如今，退耕還濕，政府不再需要一分錢，但農民們的積極性卻很高。

「我的收入不但沒有降低，反而比以前提高了。」孟凡合說，「原先雖說是種莊稼，但一遇大水漫灘就顆粒無收。如今種植荷花，旱澇保收，蓮子、荷葉、蓮藕都可以賣錢，一畝地收入能有一千多塊呢。」

現在，新薛河入湖口被開墾的耕地，已恢復成了萬畝人工濕地。本來，直接排放至湖區的河水，現在則要繞行濕地並淨化一個月後再進入湖區。在濕地內放眼望去，鬱鬱蔥蔥的蘆竹一直蔓延到湖邊，紅柳、荷葉、水蔥、香蒲、金魚藻高低錯落、生機盎然，游魚時而劃出道道波紋，水鳥優雅地在水面遊戲，一派迷人的濕地風光。

微山湖濕地治污，成了湖泊通過生態方式治污的先行者。試驗證明，通過種植不同的水生植物，濕地六級淨化對污水 COD 的去除率約為 50％，對總磷的去除率為 60％，對氨氮的去除率為 65％。

濕地治污，把污染治理和經濟發展結合起來，把解決農業污染與促進農民增收結合起來，實現了人的努力和自然淨化的和諧。

現在，看到了濕地妙用的許多地方政府，都主動開始搞人工濕地了。

微山湖治污模式破解了中國重點流域水污染防治難題，走出了符合中國實際的治污新路。

以前的臺田還原為了濕地，農民兄弟收益多多。

前兩年，政府對退耕農民給予生態補償，種植蘆竹、杞柳、蒲草、茨實等濕地作物，用「地球之腎」過濾修復污染水體。

第三年，當優質造紙原料的蘆竹進入豐產期時，環保部門與三家造紙廠簽訂了保護價收購合同，農民每畝收入可穩定達到 750 元。

人工濕地治污，有很大優勢：投資少、效果快，運行費用低，且長期受

益。投資幾千萬元建設人工濕地，就可以輕鬆地將污水 COD 從每升五十毫克降到二十毫克以下，這是常規污水處理工藝很難達到的。

算透了「經濟賬」和「生態賬」，濟寧全面推廣了人工濕地建設。二○○六年以來，在南四湖及重點河流，濟寧共建了十七處人工濕地；還重點推進七處人工濕地建設，即：老運河、泉河、老萬福河、西支河、小沙河、大沙河和洸府河。

這樣南四湖地區的水質有了極大改觀。二○○九年，南四湖在山東境內的五十三條入湖河流，均已經恢復並常見魚類生長。國控臺兒莊大橋出境斷面，全年水質達到或優於三類水標準，達標率為 100%。和二○○○年相比，南四湖地區雖經濟年均兩位數增長，水質卻改善 80% 以上。

水質的優化，魚類人工增殖放流是最好的印證。

二〇一一年九月，在南四湖上下級湖，南四湖秋季放流活動同時展開。此次放流，在上級湖投放青蝦苗種 120 萬尾；在下級湖投放烏鱧、鯉魚、鰱鱅魚 1090 萬尾。

從二〇〇五年開始，山東省市縣三級已連續七年對南四湖進行人工增殖放流。放流的品種，也由單一的草魚、鯽魚擴展到名貴的鱖魚、鱅魚等優良品種。二〇一一年，南四湖下級湖單船日捕撈量最高達到 750 多公斤，創近十年來新高。

微山島鄉萬莊村的時繼芬，一直在微山湖從事捕撈和水產養殖，至今，她還記得過去和污水打「游擊」的辛酸事。「看到河道裡來了髒水，我就得拉著網箱往別處跑。」這位憨厚的漁民說，以前污染嚴重時，南四湖裡有些地方就像是倒進了肥皂水，全是人作的孽啊！

近幾年來，時繼芬再也不用擔憂了……

當我們船行南四湖時，但見靠近岸邊的湖面只有少許的養殖圍網，近岸水生植物間水鳥嬉戲，湖水碧波蕩漾，連接湖面與陸地的河道間，不時有漁民搖著小船經過。在微山島周邊的養殖區，我們用礦泉水瓶裝了一瓶湖水，與礦泉水進行比較，可是肉眼幾乎看不出它與清水的區別。

張永新一家，是南四湖的一戶「船上人家」，在船上生活了三十多年。一家人的兩艘船並肩停靠著，船外掛著漁網。張永新說，早些年湖水被污染，水上生活也失去了光澤。現在看看變清的湖水，最幸福的，莫過於撐著船撒著網捕著魚。

一湖碧波，增強了漁民們的生活希望和信心。這些年來，在島上生活的漁民們也主動調整養殖結構，多養魚，少養蟹，養護水下生態，為保護復得的環

境盡微薄之力。

人工濕地還帶動了旅遊業的蓬勃發展，增加旅遊收入，提高當地居民的經濟收入。每到夏日，新薛河入湖口人工濕地遊人絡繹不絕，成為微山湖旅遊的一個新亮點。

如今，微山湖共有濕地面積三十餘萬畝。濕地也成為人們休閒娛樂的濕地公園。

湖，是濟寧人心中一個永恆的情結。如今，他們也正在勾勒並建設著屬於他們的未來主題——北湖生態新城。「北湖生態新城位於濟寧城市南部，是規劃的濟寧城市主中心，規劃總面積約九十七平方公里，行政轄區面積五十七點三平方公里。」

這個北湖生態新城，南接微山湖，北靠濟寧老城區，京杭大運河和洸府河雙河環抱，古運河穿境而過。

作為新一輪城市規劃中的濟寧城市主中心，北湖生態新城的發展定位是：「行政商務中心、科教文化基地、休閒度假勝地、生態宜居新城」，採取「引湖入城、築城入湖」的發展策略，將北湖引入城市中心，形成「北湖灣」，展現運河之都、北方水城的特色風貌。

同樣，在棗莊市城郭河泉上的人工濕地，人們看到，濕地裡蘆葦叢生，不時還有白鷺從蘆葦叢中掠過。

家住前泉村的張紅英說，這泉上人工濕地的前身是採煤形成的塌陷坑，好多年來都是荒灘一片。以前，附近還有個造紙廠，後來也被砍了。「也就在四五年以前，城郭河都是烏黑的，水還沒整治，那時逮的魚都不能吃。」

南水北調山東段調水沿線人水和諧的局面，生動詮釋了科學發展的深刻內

涵。

　　現在，每到夏季，微山湖濕地連片的荷花盛開，場面甚為壯觀。走進老運河人工濕地，你看到的是：荷塘裡「接天蓮葉無窮碧」，葦草間白鷺翩翩飛翔，清水裡魚兒暢遊⋯⋯好一幅動人優美的自然生態畫卷。

　　二〇一〇年六月。魯南滕州陽光燦爛。

　　十九日上午。山東滕州微山湖濕地紅荷風景區。

南四湖

中國滕州微山湖濕地國際健走養生大會，在這裡正式拉開帷幕。

近千名健走愛好者，從全國四面八方彙集於此，領略微山湖濕地和諧的生態文化，體驗健走養生的快樂，領略優良原生態環境的妙趣。

經過多年的保護和發展，如今微山湖的滕州紅荷濕地，已經成為中國最大的國家濕地公園。

人們走進這裡，既能欣賞到湖光山色，還可以觀賞濕地景區內多樣性的動植物。目前，景區內擁有各類植物五三八種。其中，國家級保護植物九種，水生動物三二五種。如此優美的生態，這是十年前所無法想像的。

南四湖的生態明顯改善了，東平湖同樣是碧波蕩漾、白鷺翩翩，微風吹過，滴翠的濕地蘆葦隨風飄蕩。前來東平湖旅遊的人也越來越多。

在泗水縣的湖水中，人們還發現了對環境水質要求極高的桃花水母。桃花水母素有「水中大熊貓」之稱，它的發現，是東線山東段水質持續改善的有力見證。

濕地，成了如今山東治污的有效「法定」。

五月的趙王河人工濕地，生機勃勃。走進這裡的橡膠壩地段，但見河道兩側到處綠意盎然，河灘上齊腰高的蘆草十分茂盛，百鳥鳴叫，野鴨等在濕地中或拍打著翅膀，或自由覓食，「咕咕」的蛙聲，頓時讓我回味起童年的鄉村野趣。青蛙是對生態對環境要求極高的動物，連它都能在這裡自由地生活，可見這裡的環境真正變好了。

趙王河是菏澤城區的一條洩洪河道，也是荷澤三條主要的出境河流之一。可在這裡的橡膠壩地段，原來則是發電廠的煤灰堆放處，環境髒亂差，周圍環境污染非常嚴重。

為了不影響南水北調的水質，荷澤全市投資 12.3 億元，新建人工濕地水質淨化工程 11 處，對城市污水處理廠和工業企業處理後的尾水進一步淨化。

位於下游的趙王河人工濕地，採用種植蘆葦、蒲草等水生植物，通過濕地下游的橡膠壩抬高水位，形成河道滯留塘，對進入濕地內的水質進行淨化，使得淨化後的水質達到地表水三類水質後，再排入下游河道，進入洙趙新河，用於農田灌溉或工業用水。

山東就是這樣，為了南水北調，他們將昔日的一條條「醬油河」、「濁流湖」變成汩汩清流。

治污注重過程，更看效果。這一次，在南水北調東線通水的大考面前，山東人自豪了。

泛舟微山湖生態濕地，湖面上青青的荷葉羞澀地舒展著身姿；連片的蘆葦、蒲草嬌翠欲滴，與輕風共舞；頭頂上成群的白鷺、紅嘴鷗等珍貴鳥兒，時而展翅高飛，時而俯衝水面，好一幅自然的美景。

二〇一三年二月一日至三日，國家水專項辦公室組織專家對南四湖水專項進行課題驗收。

「南水北調東線南四湖水質綜合改善方案及支撐技術與示範」等三個課題，全部通過任務驗收及財務驗收，以侯立安院士為組長的驗收組給三個課題均打出了 85 分以上的高分。

從水質情況看，截止到二〇一二年底，與東線治污規劃基準年二〇〇二年相比，山東調水沿線黃河以南段 22 個考核斷面，高錳酸鹽指數和氨氮濃度分別下降 74.6% 和 91.8%。其輸水乾線上東平湖及韓莊運河等九個測點，均已基本達到地表水三類標準。

水清了的景是美的。然而，這一切的背後，離不開山東人的艱辛付出。

丹江口拒絕污染　05 章

當我們佇立漢江岸，面對一河聖潔的江水，面對「亭亭玉立」的淑女，面對相思之苦的求愛男子，面對養育了我們祖先、養育我們自己這一江的豐腴乳汁，面對流入庫區即將送往首都的救命之水……

我們還能忍心糟蹋她嗎？

# 告別薑黃之「痛」

丹江，一個詩意的名字；

丹江口水庫，一個亞洲最大人造的湖泊。

她，俯臥在八百里伏牛山腳下，地跨河南、湖北兩省，素有「人造海洋」之稱。全庫面積達一千平方公里，總庫容可達二〇九億立方米，等於全國每人平均有近二十噸水存放在這裡。

丹江口水庫的清流，來自美麗的秦巴山區的丹江與漢江。

當南水北調工程尚未啟動之時，丹江口的水質就成了人們關注的焦點。隨著南水北調中線工程的確定，丹江口的水質成了南水北調的生命。

薑黃企業集中在漢江流域，僅陝西全省就曾有一百多家。

如何保護丹江口源頭？薑黃加工污染始終牽動著人們的視線！

過去，因薑黃加工廢水未經治理就直排，造成了漢江流域的嚴重污染。以每家按年排放三萬噸計算，漢江上游總排放量就有三九〇多萬噸。以年產三百

噸計，平均日產皂素一噸，產生的 COD 相當於至少四十萬人口的生活排污量，其污染之重可見一斑。

薑黃加工廢水，是國家一級排放標準的三百多倍。在原本山清水秀的秦巴山區，一個小皂素廠污染一條河已屢見不鮮，很多河流中魚蝦不見，河邊寸草不生。薑黃加工污水，對匯入丹江口水庫的漢江、丹江等河流水質構成嚴重威脅。

美麗的秦巴山區，也是貧困的秦巴山區。當地均將薑黃作為了重要產業發

晨起

展。

　　保護生命之源與加速經濟發展孰輕孰重？要綠水青山還是要金山銀山？

　　秦巴山區的人們進退維谷，左右為難，好不容易培植起來的「搖錢樹」，豈能輕易砍倒？

　　怎麼辦？薑黃產業的存與廢，對陝南、湖北十堰而言，是一個極其艱難的抉擇。

　　切實採用清潔生產新工藝，解決薑黃生產污染問題，成為薑黃產業可持續發展的唯一選擇，因此被稱為薑黃產業的「最後一線生機」。

　　針對薑黃加工的污染問題，解決途徑不外乎兩個方向：一是末端治理，二是工藝改造。

　　二〇〇三年，十堰市十家薑黃企業建設了末端廢水處理設施，但這些每套價值數十萬至數百萬元的設施，並沒有發揮明顯作用，排放出的廢水仍高出國標的幾十倍。

　　如何既要「綠水青山」又得「金山銀山」？「魚與熊掌」能夠兼得嗎？

　　面對南水北調的政治使命，面對關乎子孫後代的環保大局，擺在薑黃企業面前的路只有一條：

　　即主動適應形勢要求，積極改進生產技術，走循環經濟與清潔生產之路！

　　只有這樣，才能從根本上改變薑黃產業的被動局面，在激烈的市場競爭中處於不敗之地。

　　二〇〇四年五月，湖北省將「薑黃皂素清潔生產技術研究開發及示範工程」列入重大科技攻關項目，省科技廳和十堰市政府面向全國進行招標，中國

地質大學（武漢）、武漢工程大學等五家單位組成的投標聯合體一舉中標。

　　一項新的科技成果要轉化為現實生產力，往往要經過從實驗室到工廠、市場的千錘百鍊。

　　二〇〇四年五月中標後，中國地質大學（武漢）及地大環保科技公司二十多名專家主動請纓，放棄大都市優越的生活，一頭紮進了條件艱苦的鄂西北山區。

　　經過兩年多的攻關，中國地質大學（武漢）王焰新教授領導的課題組，自主研發了「糖化－膜分離回用－水解」（SMRH）薑黃皂素清潔生產新工藝，在竹溪縣建成了年產五十噸皂素的示範工程，並投入生產運營。

昔日廢水之王

有別於與傳統工藝的是：此工藝使污染總量削減到傳統工藝的 1/4 左右。

根據測算，使用這種新工藝後：

薑黃皂素收率平均水平提高了 21%，皂素品質達到傳統工藝水平；

鹽酸用量減少 65%，並全部回收再使用；

水的循環回用率超過 85%，末端廢水產生量小於 70 噸／噸皂素，經處理可實現達標排放或生產回用。

十堰薑黃的種植面積曾達到 86 萬畝。按此推算，新工藝按照循環經濟理念，將薑黃資源綜合利用率提高到 95%，將薑黃中澱粉轉化成澱粉糖產品、纖維素製成有型燃料、皂 轉化成皂素，產生了新的經濟效益。薑黃加工產生的副產品澱粉糖，一年的量即相當於節約糧食九萬噸。

陝西省環保廳專門組織成立了課題小組，由省環境科學研究設計院牽頭，先後與西北農林科技大學、長安大學、西北植物化工廠等科研院所進行合作研究，從改進生產和治污工藝入手，引導企業解決薑黃加工的污染問題。

二〇〇六年初，時任陝西省環保廳廳長助理的潘滂軒博士主持《薑黃皂素清潔生產研究》課題小組，開始在山陽縣金川豐幸化工有限公司進行年產三百噸皂素清潔生產示範工程建設。

搶救「藥黃金」的背水一戰，就此打響。自主創新、科技攻關，是面臨的唯一選擇。

陝西省環保局還專門設立了環保科技專項資金，先後投入專項科研經費六百多萬元。

經過近三年的科技攻關，困擾薑黃產業污染世界性的難題控制技術，終於被成功破解了。

採取這種新工藝後，皂素回收率大於八十八點三，達到了傳統工藝水平。每生產一百噸皂素；

可以回收纖維素一千五百至二千噸、澱粉一千四百至一千八百噸；

減少用水量十六萬立方米；

減少污染物二九六〇噸；

增加企業收入近五百萬元。

與傳統工藝相比，新工藝用酸量大幅度減少，實現了清潔生產倡導的節能、降耗、減污、增效的目標。

按陝西省薑黃皂素生產能力三千噸計算，年可以減少向漢、丹江排放COD 近九萬噸；若計入河南、湖北的薑黃皂素產量，年產皂素五千至六千噸，可減少 COD 排放十六至十八萬噸，從而消除了薑黃加工對漢、丹江水質造成污染的重大隱患。

新工藝有效地治癒了薑黃產業的頑疾，從根本上扭轉漢江與丹江流域薑黃污染的局面，成功破解了薑黃產業發展瓶頸，為陝南群眾脫貧致富奔小康找到了一條新路。

從昔日的「藥黃金」變成了無人問津的「爛草根」，從薑黃加工排污的「廢水之王」，到重新成為資源節約型、環境友好型的發展項目，治理薑黃產業的污染頑疾，無論是湖北還是陝西，能夠突破世界性難題的，除了地方領導的高度重視，引領這個關鍵的則是科技攻關！

山陽縣金川豐幸化工有限公司，是薑黃清潔生產項目試驗企業，董事長成傳德感慨地說：「我一直堅信我們這個企業必須走科技創新的路子才能做大做強，才能長久生存，否則，只能是死路一條，也正是憑著這樣的信念，使我們

與環保科研人員一起走到了今天。」

「對環境的污染少了，再也不擔心環保局來檢查了，更主要的是生產利用率得到了空前提高，浪費被減少到了最低！」一位叫王軍的企業家則這樣說，「環保工作力度的加大不僅沒有讓薑黃產業萎縮，反而規模比以前更壯大了！」

當地的許多人還驚奇地發現，治污並不再是過去人們心目中的「非關即停」。

欣喜的是，漢江沿線薑黃企業已基本上實行了清潔生產。目前，全球皂素年需求量五千五百噸，並以每年以百分之五至十的速度增長，二〇一一年中國皂素產量二千噸。薑黃產業經過十年鼎盛期、十年低迷期，現在正步入穩步「黃金」發展期。


# 撬動一個地級市的綠色轉型


漢江，又稱之漢水。她地處我國中部，位於黃河與長江兩大流域之間，以包舉四方、恢弘闊大的氣象，包容了來自這兩大河流的文明因子，形成了融匯四方的文化特色。

漢水，作為南水北調中線工程的第一大水源，在整個南水北調工程中，功不可沒。

丹江口水庫的水質必須總體保持在二類水平，方可確保北方數億人吃上放

心水、安全水、優質水。

多年來，漢江沿岸城市尤其是上游庫區，為了保持水質達到二類標準，不得不艱難抉擇，毅然關停污染企業，在挑戰中求發展。

湖北全省二千四百多萬畝土地屬於漢江流域。而作為丹江口水庫所在地的十堰市，更有其特殊的地位。

據有關部門測算：十堰市涉及南水北調水源區面積近 2.1 萬平方公里，匯入丹江口水庫的 12 條支流中，十堰市占 10 條，年均匯入丹江口水庫水量 328 億立方米，占全庫年匯入量的 90%。

如何做好水資源保護這篇大文章？十堰的責任崇高而神聖。

十堰有中國的「底特律」之稱。上世紀六〇年代，我國汽車工業的謀劃者

污水處理廠

出於備戰的需要，欲尋一片手爪狀的山溝建設新型汽車製造廠。於是，在這一片荒寂的土地上，現代工業從天而降。

這是一座為車而生的城市。幾十年間，數百萬輛汽車從這裡駛出，一代代汽車工人在這裡成長。車文化，鑄就了這座城市生生不息的靈魂。

風風雨雨四十年，十堰就像一隻溫暖的搖籃，搖出了一座汽車城，搖出了宏偉的「東風夢。」

然而，二〇〇三年九月，東風公司「遷都」武漢。三年之後的二〇〇六年六月，東風有限又移師江城。

以兩大總部外遷為標誌，「東風」終於走出了大山。

大山環抱的十堰城，頓時陷入了山一般的沉默。

現在，兩大總部走了。十堰人割不斷這份情，「東風」人也忘不了這份情。

十堰人從來沒有像今天這樣，關注自己城市的命運。

在丹江鋁業公司第一電解廠廠區，停產機器排了近百米長，像一列火車擺放在車間內，許多機器上還殘留著未清除的原料。一位工人惋惜地說，這些機器只能當廢鐵賣掉了，因為在新的工藝標準和環保要求下，它們已經沒了「用武之地」。二〇〇七年六月二十四日，該市又徹底關停了丹江鋁業公司第二電解鋁廠。

這兩家企業年銷售收入近三點五億元，上繳稅收達一千八百萬元，它們的關停，使得地方財稅收入少了一大塊，但關停卻換來了污染物排放的有效減少。

在機聲隆隆的兩家企業的新廠區，由於採取了新的工藝設備，巨大的排污

煙囪口幾乎看不到冒煙，仰頭望去，藍天下，沒有一條「白龍」或「黑龍」。

在丹江口市有一家電石廠，面對水源區環保的高門檻，要麼選擇治理達標，要麼選擇關門。這家企業的決策者毅然選擇了前者。結果是，每噸電石增加成本二十五元，每天回收粉塵十噸。

不難想像，十噸粉塵飄在這座城市上空會是一種什麼情景。這家企業的老總說了一句話：不是門檻高，其實早就該這麼做了。

為確保「一庫清水送北方」，丹江口市以壯士斷腕的勇氣，先後關停了對水源污染嚴重的企業一百多家，如小冶金、小造紙、小製革、小化工等；對大壩以上庫區內有可能影響水質的四十多家企業，實施排污許可證制度；限期治理排污不達標企業十三家，關閉污染源一二〇處，砍掉有污染的大小項目八十

丹江口庫區

一個；還先後建成水污染防治和環保設施設施三十餘臺（套），年削減 COD 排放四千噸，削減粉塵排放量達一萬四千噸。

越來越多的人正在這麼做。丹江口市新上了一批環保型項目，工業結構改善了，產業形態也提升了。

環保的門檻，也是產業升級的跳板。

由於十堰是水源核心區，水質標準要求高。

為呵護一江清水北上，近六年來，鄖縣婉拒二十多個、近十億元的環保不達標項目，關停了卷煙廠、造紙廠、薑黃等六十多個環保未達標企業，關停了二十多家礦山，對漢江沿岸涉水企業和市政排污口專項整治。

該縣投資八千六百多萬元，率先建成大型污水處理廠，推行農村垃圾無害化處理。嚴禁在漢江兩岸新建任何工業項目，並整治漢江沿線建房、水上餐飲、網箱養魚、河道采砂，打造碧水藍天「壩上第一縣」。

現在，鄖縣萬元生產總值綜合能耗下降 3.9%，主要污染物排放量同比削減 5.5%，水源地水質達標率為 100%。

竹山縣境內的堵河是漢江南岸最大一條支流，是國家南水北調中線工程的重要取水處。為確保一江清水北送，該縣對堵河沿線醫藥化工、礦產等重點產業清理整頓，治理污染源。五年來，竹山縣共關閉污染嚴重、治理無望的企業七十五家。

同時，該縣還投資六千五百萬元，新建了一座日處理能力為三萬噸的污水處理廠，對工業廢水和生活污水進行處理達標後，再排入堵河。

近五年，十堰市除關停污染嚴重的三百多家企業外，還先後投入一百多億元用於水污染防治。全市整治八百多個排污口，在四十七家重點工業廢水排污

口安裝了在線監測裝置；治理重點污染企業八十六家，完成治理項目三百個；拒批五十多個經濟效益好卻有污染的項目。

同時，十堰市啟動了十九個污水處理廠和垃圾處理場建設，已有十座污水處理廠建成使用。為防治農村面源污染，十堰市還在一六五個村新建九萬多個垃圾處理池（桶）、六十五個垃圾中轉站。

目前，水源地丹江口庫區水質控制在國家二類標準，是全國最好的飲用水源地之一。

因車而建、因車而興的十堰，曾經是湖北乃至中國的驕傲。

如今，十堰從理性的思索中發現了「意外」的驚喜：

南水北調中線工程上馬，中部崛起戰略的實施，給十堰帶來了難得的發展機遇。

作為中部地區的老工業基地，十堰有可能享受振興東北老工業基地的相關政策；

作為中部的貧困地區，十堰將享受西部大開發的有關政策；

作為南水北調中線的水源區，十堰將享受移民安置、水源保護等專項政策和配套政策。

還有「東風」的兩大總部雖走了，但它在十堰的存量資產沒走，作為主要支撐的商用車生產基地沒走！未來五年，東風在十堰的投資將超過前二十年的總和。同時，十堰市域內除東風外的汽車工業也集聚了巨大的發展能量。

政策效應疊加，機遇就在眼前。關鍵是怎麼把機遇抓住，如何把政策用活。

人們看到，十堰有景色玄妙的武當山，有一湖清亮的丹江水，有豐富的物產資源。水電、旅遊、醫藥、綠色食品等新興產業也初具規模。挖掘資源優勢，拉長產業鏈條，十堰經濟發展將展現一片新的亮色。

人們發現，十堰並不只有「汽車名城」一張名片，還有「武當仙山」與「調水源頭」另外兩張名片。這三張名片都是十堰的驕傲與亮點。

然而，他們還沒有擦亮，還沒有升騰為充滿強盛活力的希望！

就武當山而言，論名氣，武當不遜峨眉、五臺。五嶽之上有大岳。

作為大岳的武當，古往今來，創造了多少美麗的神話和傳說。武當如空谷之幽蘭，如天籟之餘音。雲在腳邊繞，人在天上行。那一份空靈，那一份玄妙，滋潤了多少文人墨客的夢境。

然而，年復一年，武當山旅遊溫不溫，火不火。眼瞅著峨眉、五臺遊人如織，甚至，一個名不見經傳的河南雲臺山，一時間也被遊客圍得如鐵桶一般。

十堰人怎麼思考的呢？

身邊守著一份世界文化遺產，的確是十堰人的福氣。企業總部可以搬遷，生產要素可以流動；但是，誰能搬走武當山呢？

就丹江口水庫而言，一個一千餘平方公里的人造湖泊，一個將蕩漾在秦巴山懷抱中的浩瀚海洋，浮仙山瓊閣，騰紫氣氤氳，那是何等的壯觀。

這一湖清水，走中原，越燕趙，繞山過嶺，直奔共和國的首都。

這南水北調的一湖清水，對十堰意味著什麼呢？

在南陽父母官們用礦泉水瓶子灌上丹江口水庫水的時候，在他們大張旗鼓地向北京送水的時候，或許十堰人還沒想到，原來「水源區」的牌子也是可以

創造價值的。

　　過去，丹江口這個名字並沒有多少人知曉，可如今全國有多少雙眼睛在盯著它！隨著南水北調中線工程的加速建設，它的知名度已經如日中天，甚至連西方人也在關注這個名不見經傳的小城。

　　在南水北調工程中，十堰的地位非同尋常。中線的關鍵在加壩，加壩壩址就在十堰的丹江口。它是標誌性工程所在地。同時，它也是淹沒重點區，更是水源核心區。十堰所轄五縣一市二區，均在中線工程水源區範圍。

武當春色

十堰，擁有天下第一仙山武當山和令人心馳神往的秀麗漢江，生態資源得天獨厚、物華天寶。

「十堰最大的優勢是生態，十堰的發展要著眼於人、社會與自然的全面協調。」從「十五」期間開始，十堰就提出「生態立市」的發展思路，以生態為導向，走新型工業化道路。

十堰，山高水遠，地大物博。但十堰「大」的是山場面積，可耕地少得可憐。全市人均耕地 0.6 畝，比全省平均水平少 0.49 畝。就是這個人均 0.6 畝，也是一半以上為旱坡地。丹江口大壩加高蓄水，12.46 萬畝土地要沉入水底；十漫高速公路和襄渝鐵路複線，也要占用二萬多畝土地。

面對城鄉統籌、人多地少，十堰怎麼發展？

薑黃產業發展的歷程讓人們警醒：綠色發展，和諧發展，是十堰的不二選擇！

十堰人站在歷史、現實和戰略的高度，將生態保護提升到一個新的戰略高度，把生態保護與轉變發展方式有機結合起來，與保障改善民生緊密結合起來，積極轉變經濟發展方式，以培育生態產業為核心，著力構建生態經濟體系。

一批污染嚴重的礦產企業被停產整頓，一批重大項目被限批，多個污染嚴重的擬建項目被拒批；先後新建多座污水處理廠和垃圾處理廠；先後完成了對東風公司多氯聯苯 1 號、4 號填埋區危險廢物的安全轉移處置，消除了丹江口庫區最大的環境隱患；環保執法監管力度進一步加大，重點流域區域污染防治全面推進……

短暫的陣痛，卻迎來了無限地生機與活力。

近幾年來，十堰主要污染物總量減排連年超額完成，大氣質量逐年好轉，水污染防治成效顯著，農村和城市生態環境大大改善，生態保護優化經濟發展作用日益顯現。一批批產能落後的項目相繼淘汰，一家家企業主動創新科技、擴能升級……

　　生態農業成最愛。依託獨特的自然資源優勢，十堰大力發展現代有機農業和農產品加工業，做大做強茶葉、中藥材、核桃、山羊等特色產業，培育了一批較強市場競爭力的特色農產品，實現了特色資源向經濟優勢的轉化。

　　生態工業成重頭戲。堅持以汽車產業為主導，以結構調整為主線，加快構建生態工業體系，全力打造國際商用車之都。同時，大力發展水電、生物醫藥、綠色食品等特色產業，鼓勵發展低能耗、低污染、高效益的企業。

　　生態保護帶來環境優化，環境優化提升城市魅力，成就投資窪地、催生經

千年古街

濟高地。

雖然「東風」兩大總部走了，但「萬向」、「雙星」、「農夫山泉」等一批優勢企業又進來了；

「三環」專汽十萬輛整車擴能、東風小康三十萬輛發動機等一批重點項目建設，「大運」汽車、蘇酒集團相繼落戶十堰；

十堰經濟技術開發區成功晉級國家級經濟技術開發區；

二〇一三年一月二十八日，雙星彩色輪胎美國市場二十萬套首發儀式隆重舉行，標誌著雙星彩色輪胎成功挺進國際高端市場。

二月二十八日，十堰三十三個項目集中開工建設，總投資一七三億元。

生態旅遊受熱捧。靈山秀水，大美十堰。

十堰發展的綠色轉型，就是打「秀水牌」，打「名山牌」。

十堰發展旅遊，武當山是當之無愧的龍頭。武當山招商引資進入新境界。

山上山下，二十多處古建築正在修繕復原，具有全國一流水平的遊客服務中心、風格別緻的「金街」、五星級酒店、武術交流中心、國際會議中心、民俗文化中心、影視中心，都在為武當旅遊增添了新的韻味。

武當靈山頻頻閃現在國內及港臺各大媒體，中國武當功夫藝術團在歐美亮相。

二〇一三年四月十二日，香港英皇集團與十堰簽訂英皇‧武動十堰項目合作意向書，計劃在十堰投資五十億元打造亞洲最大規模的武術文化創意旅遊景點。

「亙古無雙勝境，天下第一仙山」，武當旅遊不斷地向世人遞送著觀光賞

景的邀請函。

「問道武當山，養生太極湖」，已成為十堰旅遊的代名詞。

武當，開始「顯靈」了。二○○四年，武當山接待遊客 66 萬人，實現門票收入 2800 萬元，創歷史最好水平。二○○五年，武當山遊客人數增至 73 萬，門票收入 3661.4 萬元。二○一一年，武當山全年的遊客接待量 354.6 萬人次，旅遊收入 18.6 億元，與二○一○年相比分別同比增長 54.2%、57.6%，也分別是二○○三年的 14 倍和 8.5 倍。

何止是武當山景區？十堰的縣域旅遊同樣如日中天。

二○一一年，丹江口市共接待海內外遊客 460 萬人次，旅遊收入 24 億元，位列各市縣第一；房縣彰顯特色，獨創「詩祖故里」景區，魅力四射，年實現旅遊綜合收入 5.5 億元；鄖縣精心打造特色景區，深度開發鄖陽文化，年實現旅遊收入六億元……

從二○○二年到二○一一年，十堰全市累計接待國內外遊客 8858 萬人次，年均增長 16.5%；旅遊收入 458 億元，年均增長 22.6%；旅遊總收入占全市 GDP 比重由 2%提高到 13.13%；旅遊綜合水平在全省排名由第八位上升至第三位。

二○一二年，十堰市共接待國內外遊客 2333.33 萬人次，實現旅遊綜合收入 161.19 億元，同比分別增長 25.17%和 35.14%。

還有，在二○一○年至二○一二年的三年間，十堰共有 25 家景區升 A 創 A 成功，升 A 創 A 景區之多是十堰前五年的總和，居湖北全省首位。

如今，旅遊業已經成為十堰僅次於工業的第二大支柱性產業。

「既要綠水青山，也要金山銀山！」

在生態保護中發展，在發展中保護生態，十堰人奮力實現了「雙贏」。

二〇一一年十二月，十堰市先後獲得「全國十大低碳城市」、「聯合國環境署中國區環境規劃優秀示範城市」等榮譽稱號。

從汽車產業一主獨大到多元化產業格局逐步形成，十堰的決策者們把準時代脈搏，主動追求轉型發展，完成一次又一次的華麗轉身。

誠然，促進十堰經濟綠色轉型的因素是多元的，但最為重要、最關鍵的一點，就是南水北調中線水源地保護，成了十堰「轉型」最亮的點、最好的契機！

走進如今的丹江口市，「中國水都」四個大字，赫然醒目，令人激情滿懷。

南水北調，竟然調出了一座「水都」。這既有大自然的恩賜，也開發了十堰人的智慧。

如今，一個美麗新十堰正在武當山麓、漢水之濱散發出耀眼的華光！

水，成了十堰人雷打不動的「一號工程」；水，給了十堰一次重新打理河山的機會。

水，正在成為十堰市縣域經濟的一大「引擎」，撬動著十堰發展的綠色轉型，並不斷地演繹著動人的佳話。


# 為了莊嚴的承諾


保綠水青山，護一庫清水。

這是南水北調中線源頭鄂豫陝三省對中央的莊重承諾。

為了這個承諾，丹江口及水源區中上游的漢江和丹江人民可謂不辱使命，不遺餘力地推進生態建設和環境保護。

始建於一九五八年的丹江口水利樞紐工程，是經過鄂豫兩省十萬大軍十年的艱苦奮鬥建設而成的。工程於一九七三年建成以後，漢江回水一七七公里，形成了漢江水庫；支流丹江回水八十公里，形成了丹江口水庫。三十多年來，兩庫和諧相處、唇齒相依，一直作為華北人民的備用水源。一九六七年，丹江口水利樞紐工程下閘蓄水，鄂豫兩省人民為了全局利益，離開了祖祖輩輩棲居的故土，遷居異鄉，安家落戶。今天，三座城早已沉入「海」底，映入眼簾的是碧波萬頃，煙波浩渺的一湖春水，像天空一樣碧藍明淨，錦緞般閃著耀眼的

淅川縣投放三百多萬尾魚苗淨化水質

光輝，身臨其境，有如走進大海一樣，撩人豪情萬種。

二〇一二年九月十八日，南水北調中線工程移民搬遷宣告結束了。

華北的人民盼望著，二〇一四年汛後，清澈甘甜的漢江水將從丹江口水庫一路向北，潤澤京津。

漢水湯湯，源遠流長。漢江流域面積達 17.43 萬平方公里，流水量與黃河近似。

如何保證北中國的這口「井」清澈甘甜？水源區與流域沿線人民顧全大局、甘於奉獻、勇於擔當，除了「為國家讓路」，搬遷了 34.5 萬人的移民外，在整治污染環境上，在建設生態源頭上，均奏響了優美的旋律。

「春前有雨花開早，秋後無霜葉落遲。」這是古人讚揚南陽良好氣候條件的詩句。

南水北調中線工程水源地，共涉及河南省南陽、洛陽、三門峽三個省轄市的淅川、西峽、內鄉、鄧州、欒川、盧氏六個縣(市)，流域總面積 7815 平方公里。其中，南陽地位相對突出。

南陽，位於中國東西接合部、南北氣候過渡帶。這裡北靠伏牛山、東扶桐柏山、西依秦嶺、南臨漢江，素稱南陽盆地，是一個相對獨立的地理單元，形成了獨特的「小氣候」。

同時，南陽是河南省河網比較密集的地區之一，跨長江、黃河、淮河三大水系，水資源總量 68.43 億立方米，地表水天然水質良好，水資源蘊藏量、人均水量居全省首位，是淮河發源地，也是南水北調中線工程水源地和渠首所在地。

南水北調是舉世矚目的世紀工程，中線水源區涉及南陽市的淅川、西峽、

內鄉、鄧州四個縣市，中線總幹渠在南陽境內全長 185 公里，控制流域面積 7630 平方公里，約占南陽市總面積的 29%。作為南水北調中線工程的主要水源地和渠首所在地，南陽市的環境保護工作，一直受到世人關注。

在淅川縣九重鎮丹江口水庫渠首閘以北不到二百米，有一座年產八萬噸的湯山水泥廠。廠子雖小，年上繳利稅卻有二百多萬元。但這個廠是渠首閘周圍最大的污染源，為了讓碧波浩淼的丹江口水庫永遠清澈，鎮裡毅然對該廠實行了關停並轉。

從二〇〇四年開始，南陽市率先在全國將理論界爭論中的「綠色 GDP」付諸實踐，把環保工作列入黨政領導政績考核內容，與個人考核、任免、晉陞相掛鉤。

近幾年來，南陽市先後強制關閉了 800 多家重污染的「十五小」企業，大規模整治釀造、造紙、製革和製藥等 280 多個重點污染源，確保了水源區 90%以上的地表水質達標。與此同時，11 個縣市的垃圾處理廠和污水處理廠全部建成投用，有效減少了水污染。

淅川，在南水北調示意圖上，只是個小小的圓點。

而它，近年來卻因是南水北調中線工程渠首所在地而廣為人知。丹江水在此汪洋成海，靜候北上，潤澤京津。

淅川縣位於河南省西南邊界，是豫、鄂、陝三省的接合部，總面積 2820 平方公里。這裡氣候溫和，山巒起伏。淅川是南水北調中線水源地和渠首所在地，是商聖范蠡、史學家范曄的故里，是楚始都所在地和楚文化發祥地，有眾多獨具特色的人文景觀、自然景觀，名勝古蹟星羅棋布。

在環抱丹江口水庫的淅川縣，因為「七山二水一分田」的現實，利用富饒的山林資源和水資源致富，一度成為無奈選擇。淅川縣地貌特徵是坡度陡，地

質以易風化的砂岩等為主，水土流失問題不容樂觀。

一渠清波，自淅川縣陶岔渠首向北溢出，由方城山口抵鄭州，走華夏，穿黃河，越華北，穿行一千四百公里後，終極融入首都的碧水云天。這是二〇一四年汛後的場景。

綠色渠首，淅川扮靓。這是南陽的承諾。讓一江清水入庫，讓一渠清水北流，這是淅川人孜孜的追求和真實心聲。

淅川的旋律之美，不只在移民中交出了令人滿意答卷，還在於敢於壯士斷腕、忍疼割愛，治污不手軟。該減的減，該關的關，對所有污染環境、增加資源負荷的項目，一律說「不」！

希望的田野

淅川人清醒地認識到：嚴峻的環保大考面前毫無退路，時代的抉擇面前必須壯士斷腕！對丹江口水庫周邊的污染企業，一律毫不留情地實施關停並轉。

一位叫王新岳的老闆在渠首開辦賓館，每年的利潤在四百萬元左右。為了保護丹江口水庫的水質，王新岳聽工作隊員到他家講明政策後，二話沒說，就欣然在協議書上簽了字，拆掉了投資三百多萬元的六層樓。

王新岳說：「一個人不能白活著，應該為國家做點貢獻，賓館沒了還可以重建，南水北調關係千家萬戶喝水的事拖不得。」雖然現在每天損失一萬多元，但王新岳談起未來仍非常樂觀。

在南陽，像王新岳一樣的群眾還有很多。他們個個顧全大局，深明大義。

一份全市的數據顯示，淅川縣近年來在水源區三省率先關閉了所有的薑黃加工和礬礦冶煉企業。同時，堅決杜絕新上一切污染項目，先後否定了十六個大型建設項目選址方案，終止了二十三個中型建設項目進駐水源保護區，有效控制了水污染。

為了確保一渠清水，縣裡從財政中抽出四千多萬元，建設了一個現代化的污水處理廠，對縣城內的城市污水進行集中處理。在這個污水處理廠，可以隨時對處理後的污水進行人工和自動監測，保證污水處理達到零排放。

企業關閉了，稅收減少了，失業人數增多了，淅川的今後怎麼辦？

淅川確立「生態立縣」理念，響亮提出了「既要綠水青山，也要金山銀山」的口號，著力打造生態經濟示範區。綠色產業，隨之成為淅川強勁發展的活力源泉。

綠色工業引領經濟高速增長。實施扶優扶強戰略，做強環保工業園。淅川以縣產業集聚區為平臺，重點打造三大工業園：淅鋁工業園、淅減工業園、福

森新能源工業園。淅川的宏偉構想是：五年內，建成產銷突破一百億元的新型現代化鋁城，建成產能突破一百億元的中國最大汽車減振器生產基地，實現藥業產值二十億元。

發展高效生態農業。淅川將生態農業與群眾致富有機結合，在鞏固發展柑橘、辣椒、湖桑等傳統產業的同時，引導發展茶葉、金銀花等高效生態農業，引來五十多家企業規模化發展。至二〇一三年初，已簽訂種茶合同十萬畝，整地七萬畝，種植三萬畝；種植金銀花二點三萬畝；引進淡水魚類匙吻鱘苗種一

丹江口庫區淅川縣香花鎮張義崗村

百萬尾，建育苗基地二個、育苗一千畝。茶葉、金銀花、丹江魚已經成為淅川的「生態三寶」。

「種茶，為俺村找到了一條保護水質、發家致富的好門路。」望著漫山遍野的茶園，淅川縣毛堂鄉毛灣村農民張富有高興地說，從栽苗到採茶，從田間管理到土地收租，一年下來人均收入一萬多元。

利用渠道與水源地的優勢，淅川縣還大力發展生態旅遊業。二〇一二年，淅川縣累計接待遊客 405.5 萬人次，實現綜合效益 20.2 億元，同比分別增長 28％和 29.2％，旅遊業對財政貢獻稅額達 5822 萬元。

淅川縣一刻也沒有放鬆水源地的生態建設。

每年以十二萬畝的速度強力推進造林綠化。「山頂防護林戴帽子，山腰經濟林圍裙子，山腳生財林穿鞋子」。淅川的生態農業體系已經形成。全縣森林覆蓋率由「十五」末的 32.8％增加到現在的 51.3％，營造林和新造林連續四年居全省第一。

境內的丹江、鸛河等七十三條中小河流，其流域均得到有效綜合整治。

對庫區三十五萬畝消落地，實施水草帶、蘆葦帶、垂柳帶等「五帶」生態建設，庫區沿岸生態景觀帶正在形成。

在渠首陶岔，淅川縣萬畝生態示範工程已經開工。不久的將來，渠首將會山更綠、水更清。

如今，淅川人實實在在地嘗到了「綠水青山就是金山銀山」的甜頭。無山不綠、有水皆清、四時花香、萬壑鳥鳴的渠首，正成為旅遊業的聚寶盆。

作為南水北調中線工程水源涵養區的西峽縣，設置綠色「門檻」。產業集聚區入駐項目設置了「三道防線」：

符合國家綠色產業發展方向，禁止一切高污染項目；

對高能耗的項目嚴格評判，實行「高門檻」准入；

凡對生態環境產生不良影響的項目，一律不得進入；

「十一五」以來，全縣相繼取締了 16 家重點污染企業和 786 個「十五小」企業。

同時，鼓勵以「公司+基地+農戶」的產業鏈條涵養生態和水質。二〇一二年，在全縣涉及工業、農業、旅遊、城建、民生、環境保護等 70 個重點項目中，「綠色項目」達 70% 以上。

「建設綠色渠首，確保一湖清水」的理念，如今在南陽已深入人心。

秦嶺南麓，俗稱陝南。

陝南面積 69929 平方公里，分布著陝西的漢中、安康、商洛三市，轄 28 個縣（區），人口 922.67 萬。處於關中-天水經濟區、成渝經濟區和江漢經濟區的交匯地帶，又是南水北調中線工程的重要水源涵養地。

陝南，生態有大美，文化蘊神韻。

如果說陝北是秦人的頭，關中是秦人的腰，陝南則是秦人的腿。

陝南地理位置特殊，北依秦嶺、南屏巴山，漢江水系穿境而過，具有南北氣候交匯的地理特徵。在全球普遍受到環境污染、生態破壞的今天，陝南山清水秀的自然風貌不可多見。在那裡，豎立著中國「水塔」，建造著中國「綠肺」，還有兩漢三國文化的「神殿」和「文脈」。

因地理位置、自然環境因素，秦巴山區有黃河、長江兩大流域約 50% 的生物物種活動蹤跡。物種數量占全國的 15% 左右。秦嶺山區被《全國生態環

境保護綱要》列為首批十二個國家級生態功能保護區。

說南水北調水源地保護，秦嶺是繞不過去的話題。

這座橫亙中國腹地的龐大山系，西起甘肅，穿越陝西，東至河南，綿延一千六百多公里，以摧枯拉朽之勢，把中國大陸一分為二，成為中國南北地理分界線和氣候分界線。

美麗的漢江水，從秦巴山間的崇山峻嶺中縈繞迂迴，懷著對大山的眷戀，穿越陝鄂豫，緩緩地流進被譽為「亞洲天池」的丹江口水庫。

有人說，秦嶺是中華民族的父親山、華夏文明的龍脈。它與歐洲阿爾卑斯山、美洲落基山並稱地球「三大名山」。

秦嶺東西方向橫穿了整個陝西，其區域面積占到了全省總面積的 28％。發源於秦嶺山上的千萬條河流最終都向南流入漢江、丹江，而北下則最終注入了渭河，或分流進千家萬戶的爐臺。丹江口上游是南水北調主要的水源地，流域面積和水庫、水量占丹江口水庫的 70％⋯⋯

保護好秦嶺，對於維護南水北調中線工程水質，意義與價值非同凡響。

陝西寧強縣東北面的漢源鎮馬家河村，是一個神奇的地方。這裡，雲遮霧罩，竹林叢生，翠色慾滴，神奇的山峰巍峨壁立，勢如騰龍。在一座石崖上，一股清水自崖隙中噴射而出，茂林修竹中，匯成一條清泉，蜿蜒爬行，奔出米倉山，然後繞寧強，納百川千谷，一路輕歌曼吟，一江碧水，波濤連天，滔滔東去，經漢中，過安康，奔騰三千餘里，最後融進浩瀚的長江⋯⋯

她，自然會讓人聯想到長長的飄帶、潔白的哈達。多美！多聖潔！

在古代，長江、黃河、淮河、漢江曾並稱「江河淮漢」，名聞天下。

迷人的夏日風光

　　二十一世紀，肩負起這項夢幻般的神聖使命——作為南水北調中線的重要水源，它與丹江攜手北上，經過上千公里的長途跋涉，來到華北平原，接通與共和國首都的血脈。漢江再次被推上了歷史的前臺。

　　為了使漢江水資源得到絕對保證，早在二〇〇五年十二月，陝西省就出臺了《陝西省漢江丹江流域水污染防治條例》。漢江和丹江有史以來第一次受到了法律保護。很快，沿江401家污染企業被依法關閉。

　　二〇〇七年十一月，《陝西省秦嶺生態環境保護條例》又出臺。為一座山脈立法，這在中國尚屬首例。

　　地處漢江源頭的漢中，境內幹流長270公里，流域面積1.96萬平方公

里，占全市總面積的 72%，占丹江口水庫流域面積的 21%，位列安康、商洛、南陽和十堰之首，是國家南水北調中線工程重要水源涵養區。

一方水土養一方人。

漢中多水，漢中人均水資源量達到 3900 立方米，超過全國、全省人均的二至三倍。漢中人的性情自然與水相關。

發源或流經漢中的著名江河有漢江和嘉陵江，有名有姓的河流也有近百條，橫纏豎繞的小河大溪、飛瀑流泉則無以數計。這些河溪，像一群急性子的頑童，一路歡歌奔竄，越過森林，跨過丘陵，走過平原，急急投入漢江母親的懷抱，漢江又一個不少地將它們擁抱懷中，匆匆交給長江。

如果說秦嶺是陝西的地標，那麼，漢江則是漢中的標誌。坐落在中國南北交匯點上的漢中，其生態和歷史地位舉足輕重。

因為秦嶺，漢中更加雄奇；因為漢江，漢中更加靈秀。

「水是眼波山是眉」，像愛護眼睛一樣愛護山水，已成為漢中人的習慣。走進漢中，就是走進綠色的深海，會看到一個別樣的生態世界：

這裡的每一座山，每一道水，每一珠露，都是一個個綠色的音符，彈奏著一曲曲天人合一的交響樂！

曾經轟動一時的歷史文化電視專題片《大秦嶺》，把一個半章節的巨大空間，慷慨地讓給了漢中盆地。這份榮耀是非此莫屬的。因為，這裡是造紙術發明者蔡倫的封地和葬地；絲綢之路開拓者張騫的故鄉；智神諸葛亮的營盤；是大漢江山的發祥地。

及至現代，這裡又是世界珍禽「東方寶石」朱 生息的家園，是「南水北調」的主要水源地之一。

上世紀九〇年代，林業是漢中寧強縣的財政支柱。因過度採伐導致山林稀疏，水源得不到涵養，平日裡江淺水少，遇暴雨山洪肆虐，沖蕩下游。

為了「確保一江清水」的莊重承諾，近十年來，寧強縣痛定思痛，狠下決心封山育林，取締水源地保護區內的造紙廠、油漆廠、果酒廠、電器廠等數十家企業，禁止利用闊葉林生產香菇，禁止燒木炭，並推廣燒煤、燒沼氣，積極幫助農民轉產，以利山林休養生息。

一九九九年以來，寧強縣又相繼實施了退耕還林和天然林資源保護工程。二〇〇六年，寧強縣出臺政策，嚴禁漢江沿岸生態公益林的一切砍伐和打枝割草。

如今，寧強 357 多萬畝林地中，生態公益林面積為 233 萬多畝，確保了漢江流域的水源涵養和水土保持。

寧強縣累計投入水土保持資金三億多元，退耕還林 252 萬畝，先後治理水土流失面積 1628 平方公里，全縣森林覆蓋率達到 58.3％，植被覆蓋率達到 80％，水源涵養能力顯著增強。

寧強僅是漢中強化漢江水源保護的一個縮影。

長期以來，受自然和人為因素影響，水土流失依然嚴峻。漢中市現有水土流失面積 1.25 萬平方公里，漢江流域占到 0.96 平方公里，涉及 11 個縣區，占整個中線工程水源區流失面積的 20％。嚴重的水土流失，引發了耕地、生態安全和調水危機。

無論是長江三峽工程流域治理（簡稱「長治」），還是丹江口庫區水土保持工程（簡稱「丹治」），都是國家保護生態環境建設的重大行動。漢中人搶抓機遇，勇挑治理水土流失重任。

今天人養山，明天山養人。

這是人類與自然唇齒相依的千古絕唱，也是當今漢中人保護生態的真實寫照。

「十一五」以來，漢中市共完成「長治」項目小流域 211 條，治理水土流失面積 3896 平方公里，占計劃任務的 112%，完成總投資 5.45 億元；累計投入工期 7045 萬個，移動土石方 9221 萬立方米。

二○一二年，漢中市共完成 27 條小流域治理任務，總投資 18438 萬元。其投資總額和目標任務，均超過了一期工程的總和。

按照規劃，「丹治」二期工程可治理水土流失 1780 平方公里，年均治理水土流失達到 460 平方公里，在項目區，每年減少水土流失 700 萬噸，植被覆蓋率要提高到 22%，使 12 萬貧困人口通過「丹治」二期工程跨越溫飽線。

自「十一五」以來，漢中市累計治理水土流失面積 8953 平方公里，治理河道 413 公里，河流水生態明顯改善；全市森林覆蓋率達 58.18%，水源涵養能力顯著增強。

服務國家南水北調大局，全力保護好陝南青山綠水。這是建設美麗中國的需要，也是陝南的神聖責任。

為確保「一江清水送北方」的莊重承諾，陝西省在漢江、丹江水源地累計關閉污染企業 241 家，治理小流域 348 條，有效控制了環境污染和水土流失。陝西二○一二年還開始實施耗資 188 億元的漢江綜合整治工程。

鑒於陝、鄂和豫三省交界處的丹江口庫區及上游地區，位於秦巴、伏牛山區，是南水北調中線工程的水源區，但受多種因素影響，這些地區經濟社會發展水平總體較低，二○一三年三月五日，國務院印發了《關於丹江口庫區及上游地區對口協作工作方案的批覆》，正式批准實施該方案。

《規劃》的出臺，對陝南地區是個重大利好，因為它意味著，陝南的發展納入了國家戰略層面，已上升為國家戰略。

無疑，《規劃》的出臺，為陝南三市的經濟宏圖描繪出了更清晰的軌跡。

安康市：

建設新型材料工業基地。

建設特色生物資源加工基地。

建成上游地區交通樞紐和物流中心。

漢中市：

建設重要的裝備製造業基地。

建設循環經濟產業集聚區。

建設重要的物流中心。

建成生態宜居城市。

商洛市：

建設優質綠色農產品。

建設新材料工業基地。

建成秦嶺南麓生態旅遊城市。

整個陝南的發展上升為了國家戰略。這給陝南提供了歷史以來最好的發展機遇。僅靠一省之力發展陝南，力量畢竟有限，《規劃》上升為國家層面後，推動陝南的發展就不再是一省之力了。

陝南地區是全國六大連片貧困地區之一，28 個縣區中，21 個屬國家扶貧開發工作重點縣，400 多萬群眾至今還居住在生產生活環境惡劣的深山區。陝西省委、省政府通過多次研究部署，下決心到二〇二〇年，實現陝南地區搬遷安置移民 60 萬戶、240 萬人的總目標。

目前，這項歷時十年、涉及二四〇萬人搬遷的巨大工程正在陝南如火如荼地進行。

陝西省級財政在每年安排補助資金 29.6 億元的基礎上，採取了中央統籌、地方配套、項目支持、對口支援、群眾自籌等多種途徑，捆綁資金，向移民搬遷安置點集中安排。

二〇一二年，陝西從大山深處共搬遷群眾八萬戶 29.5 萬人；二〇一三年的 840 個集中安置點也都破土動工。所有的移民安置點都圍繞工業園區、交通沿線布局，方便就業，拔掉「窮根兒」。為確保移民戶搬得出，政府加大建房補助力度，搬遷戶只需承擔房屋造價的 1/4 左右。對於無建房能力的特困戶，政府免費提供三十至五十平方米的住房。

通過移民搬遷，陝南城鎮化率每年可提高二至三個百分點。

南水北調，浩浩江水向北上。

這是人類的一個壯舉，更是世界的一個奇蹟。

清冽甘甜的江水，是人與自然經年和諧的結晶，更凝聚著陝南人濃濃的奉獻真情！

為了國家，為了民族，漢江和漢江兒女無私地奉獻著自己。這是漢江的壯舉，也是漢江兒女的壯舉。

一曲漢水丹心的秀美篇章正在這裡譜寫。

尾篇

「美麗中國」，一個久違的詞彙，一個令人憧憬的樂園。

「美麗中國」，呈現的是生態文明的自然之美。

「美麗中國」，體現的是科學發展的和諧之美。

「美麗中國」，展現的是溫暖感人的人文之美。

春天裡，我置身東線源頭的江都水利樞紐，陽光明媚之中，通揚運河與芒稻河靜若處子、波瀾不驚，抽水站裡到處佳木郁蔥，綠草如茵，花叢中彩蝶飛舞，草坪上小鳥漫步，就連空氣裡也透著一股股清香，沁人心脾。尤其是河岸邊那成排的垂柳，猶如愛美的揚州女子，梳理著長長的青絲；讓人油然而生「沾衣欲濕桃花雨，吹面不寒楊柳風」的美感。走進這裡，我們就彷彿走進了一個「世外桃源」。

春天裡，我走進滕州微山湖濕地，十萬畝野生紅荷、數十平方公里的蘆葦蕩驚現眼前，不知名的水草，在那淺淺的流水裡恣意搖曳；大片大片透迤的蘆竹，任性生長，棵棵高高的，壯壯的，徑直向上；善於鋪陳的蘆葦翠綠，滿眼皆是，任意奔向到湖岸水處；還有葳蕤、茂騰的蕨類植物，寬厚的葉子，在陽光照射下，或顯得赭紅，或露出青綠的顏色。

登上海軍棄用的艦艇，穿越在煙波浩淼的湖面之上，春風如意拂來，湖水碧波蕩漾，極目遠眺，波光粼粼，鷗鷺翔集，風光旖旎，萬千氣象。

春天裡，我穿越在魯西南的原野之上，透過車窗凝望大地，綠色的田野，縱橫的阡陌，整潔的村莊，清澈的河流，碧波的湖水，還有一處處大小不一的濕地，不時地從眼前閃過。看聊城泉林紙業「生物指示池」，水中水草茂密，魚翔淺底；觀荷澤趙王河人工濕地，飛鳥爭鳴，蛙聲一片。

春天裡，我走進燕趙大地，登上靜謐的漕河渡槽，這個早已肩負了向首都

古運河新貌

送水使命的「立交橋」，竟然到處喧囂著生命的熱烈氣息，不僅渡槽之上鳥鳴蟲吟，就連渡槽之下莊稼拔節的聲音、花萼破裂的聲響，也能傳進耳鼓。靈動的水，詩意的水，帶給人類的是神奇的親切。

春天裡，我走進了中線渠首的南陽陶岔時，一座座荒山、荒灘都披上了綠色的新裝，真是萬山綠遍，氤氳如黛。明媚的陽光中，藍天、白雲、綠樹、紅花……各展英姿，相映成趣，正成為當地吸引遊人的另一張「綠色名片」。

春天裡，我站立在雄偉的丹江口大壩之上，遠眺群山蒼翠，湖面水天相連；近觀「天池」碧水浩淼，碧藍明淨，猶如一個巨大的天然鏡面，折射出大自然瞬息萬變的景色。一陣陣輕風徐來，平靜的湖面又像美人身上錦緞一般微微皺起，形成千萬條細紋，頓時令人浮想聯翩，撩人豪情萬種。迷戀美麗的風

日出江花紅勝火

景，陶醉於晶瑩剔透的碧水，我禁不住走下大壩，與司機小許師傅一起走向漢水之畔，掬一捧清水，入口甘甜清冽，絕非加工的純淨水所能比擬也！

南有喬木，不可休思；
漢有游女，不可求思。
漢之廣矣，不可泳思；
江之永矣，不可方思。

美妙的中線源頭，漢水湯湯，大江北上，我不由得想起了這美妙的詩句！

問蒼茫大地，誰主沉浮？

我不知道當年的屈公何不在漢江之畔徜徉一番？

南水北調，無論是東線，還是中線，均為一江清水北上，這豈不是「美麗中國」最好的樣本嗎！

**昌明文庫·悅讀中國 A0607011**

# 一江清水北上

| | | |
|---|---|---|
| 作　　者 | 裔兆宏 | |
| 版權策畫 | 李煥芹 | |
| 發 行 人 | 陳滿銘 | |
| 總 經 理 | 梁錦興 | |
| 總 編 輯 | 陳滿銘 | |
| 副總編輯 | 張晏瑞 | |
| 編 輯 所 | 萬卷樓圖書股份有限公司 | |
| 排　　版 | 菩薩蠻數位文化有限公司 | |
| 印　　刷 | 百通科技股份有限公司 | |
| 封面設計 | 菩薩蠻數位文化有限公司 | |

出　　版　昌明文化有限公司

桃園市龜山區中原街 32 號

電話 (02)23216565

發　　行　萬卷樓圖書股份有限公司

臺北市羅斯福路二段 41 號 6 樓之 3

電話 (02)23216565

傳真 (02)23218698

電郵 SERVICE@WANJUAN.COM.TW

大陸經銷

廈門外圖臺灣書店有限公司

電郵 JKB188@188.COM

**ISBN 978-986-496-406-2**

2019 年 3 月初版

定價：新臺幣 300 元

如何購買本書：

1. 轉帳購書，請透過以下帳戶

　合作金庫銀行　古亭分行

　戶名：萬卷樓圖書股份有限公司

　帳號：0877717092596

2. 網路購書，請透過萬卷樓網站

　網址 WWW.WANJUAN.COM.TW

大量購書，請直接聯繫我們，將有專人為您

服務。客服：(02)23216565 分機 610

如有缺頁、破損或裝訂錯誤，請寄回更換

**版權所有·翻印必究**

Copyright©2019 by WanJuanLou Books CO., Ltd.

All Right Reserved　　　　**Printed in Taiwan**

**國家圖書館出版品預行編目資料**

一江清水北上 / 裔兆宏著. -- 初版. -- 桃園

市：昌明文化出版；臺北市：萬卷樓發行,

2019.03

　面；　　公分

ISBN 978-986-496-406-2(平裝)

1.水土保持 2.報導文學

434.273　　　　　　　108002853

本著作物由五洲傳播出版社授權大龍樹（廈門）文化傳媒有限公司和萬卷樓圖書股份

有限公司（臺灣）共同出版、發行中文繁體字版版權。

本書為金門大學產學合作成果。　　　　　　校對：江佩璇／華語文學系三年級